Tony Rutigliano | Brian Brim

Stärke im Verkauf

Tony Rutigliano | Brian Brim

Stärke im Verkauf

Ein komplettes Verkaufstraining

Übersetzung aus dem Englischen von J. T. A. Wegberg

REDLINE | VERLAG

Bibliografische Information der Deutschen Nationalbibliothek:

Die Deutsche Nationalbibliothek verzeichnet diese Publikation in der Deutschen Nationalbibliografie; detaillierte bibliografische Daten sind im Internet über http://d-nb.de abrufbar.

Für Fragen und Anregungen:

rutigliano@redline-verlag.de
brim@redline-verlag.de

1. Auflage 2011

© 2011 by Redline Verlag, ein Imprint der Münchner Verlagsgruppe GmbH, München,
Nymphenburger Straße 86
D-80636 München
Tel.: 089 651285-0
Fax: 089 652096

Die englische Originalausgabe erschien 2010 bei Gallup Press unter dem Titel *Strengths Based Selling*.

© der Originalausgabe 2010 by Gallup, Inc. All rights reserved.

Gallup®, Clifton StrengthsFinder®, The Gallup Poll®, Gallup Press®, Q12®, StrengthsFinder®, and the 34 Clifton StrengthsFinder theme names are trademarks of Gallup, Inc. All other trademarks are property of their respective owners.

Übersetzung: J. T. A. Wegberg, Berlin
Redaktion: Desirée Simeg, Gersthofen | Gallup GmbH Deutschland, Berlin
Satz: HJR, Jürgen Echter, Landsberg am Lech
Druck: CPI, Ebner & Spiegel, Ulm
Printed in Germany

ISBN 978-3-86881-316-6

┌─ *Weitere Infos zum Thema* ─────────────

www.redline-verlag.de
Gerne übersenden wir Ihnen unser aktuelles Verlagsprogramm.

Inhalt

»Wer dem Teil seiner selbst folgt, der groß ist, wird groß werden.
Wer dem Teil folgt, der klein ist, wird klein werden.«

Meng Tzu

Zwei Mythen zum Thema Verkauf

Die zentralen Punkte dieses Kapitels

➤ Gute Verkäufer sind ziemlich selten, aber wenn Sie dazugehören, umso besser. Lassen Sie sich von niemandem weismachen, Sie wären nur einer von vielen.

➤ Es gibt nicht die eine richtige Verkaufsmethode. Die besten Ergebnisse erzielen Sie, wenn Sie auf dem aufbauen, was Sie bereits sind.

Jerry kommt in einen Raum mit lauter Fremden und ist aufgeregt. Für ihn ist das wie der Himmel auf Erden. Es ist eine Chance, zwanzig neue Kontakte mit zwanzig potenziellen Interessenten zu knüpfen. Diese Situation erfüllt ihn mit Energie. Am Ende des Abends fühlt er sich sogar noch energiegeladener und seinen zwanzig neuen Kontakten geht es genauso.

Melinda betrachtet die Tabelle, die vor ihr liegt, und entdeckt sofort eine Geschichte in den Zahlen. Sie liebt dieses Gefühl. Sobald sich die Geschichten aus den Zahlen herausbilden, hat sie den Eindruck, dass sich etwas vervollständigt, und sie kann ihre Entdeckung dazu nutzen, einem Kunden zu helfen. Es fällt ihr schwer, zu erklären, wie das geschieht. Die Zahlen nehmen einfach Gestalt an und die Geschichte entwickelt sich.

Jen bekommt einen Anruf von einem ihrer Kunden – der Kunde ist unzufrieden. Es war nicht Jens Schuld; der Fehler war im Lager verursacht worden. Aber Jen weiß, dass sie das wieder in Ordnung bringen kann. Sie fühlt, wie sie ganz ruhig wird, und sie weiß genau, was sie sagen und tun muss, damit alles wieder gut wird. Sie schließt sich mit ihren internen Geschäftspartnern im Lager kurz, und als das Problem gelöst ist, hat sich ihre Beziehung zu dem Kunden weiter verstärkt.

Das sind Geschichten über Stärke im Verkauf – wie verschiedene Menschen verschiedene angeborene und wirkungsvolle Fähigkeiten nutzen, um dasselbe Ergebnis zu erzielen: Erfolg.

In *Stärke im Verkauf* geht es um Ihre Stärken und Ihren persönlichen Verkaufsansatz. Dieses Buch bietet Ihnen Strategien und Tipps zum Einsatz Ihrer Stärken, damit Sie Ihre Verkaufsleistung erhöhen und Erfolg haben. Wir geben die Ratschläge einiger der besten Verkäufer an Sie weiter, denen wir je begegnet sind. *Stärke im Verkauf* soll allumfassend sein. Es soll eine unverzichtbare Anleitung für jede Art von Verkäufer in jeder Branche sein. Aber Sie müssen die ganzen Strategien, Tipps und Ratschläge durch Ihren eigenen Filter der Welt begreifen – Ihre Talente und Stärken.

Ehe wir tiefer in die Materie eindringen, sollten Sie noch etwas wissen. Wir sind der Meinung, dass es zwei weitverbreitete Mythen über das Verkaufen gibt:

Mythos 1: Jeder kann verkaufen. Dieser Mythos ist schuld daran, dass viel zu viele Menschen im falschen Beruf ausharren. Nur einige haben die Fähigkeit, durchgängig gute Verkaufsleistungen zu erzielen. Diese Menschen verfügen über eine seltene Kombination von Naturtalent, Qualifikationen, Wissen und Praxis. Jeder, der genügend Ehrgeiz besitzt, kann sich Qualifikationen und Wissen aneignen und Gelegenheiten finden, beides anzuwenden. Doch ohne natürliche Begabung können alle Qualifikationen, alles Wissen und alle Praxis der Welt keinen herausragenden Verkäufer ausmachen.

Im Verlaufe unserer Arbeit wurde deutlich, dass Talent missverstanden und unterschätzt wird. Wenn Menschen über Talent sprechen, meinen sie zumeist herausragende Fähigkeiten beim Elfmeterschießen, beim Geigespielen oder beim Rezitieren von Shakespeare. Diese Definitionen sind jedoch zu eng gefasst. Tatsächlich schlummert in jedem von uns Talent. Und was noch wichtiger ist: Es existiert in jedem von uns *in anderer Form*. Bei manchen liegt dieses Talent im Verkaufen, bei anderen eben nicht.

Da die Annahme, dass jeder verkaufen kann, so weit verbreitet ist, stellen Firmen oft Mitarbeiter ein, ohne sich groß Gedanken über deren natürliches Gespür – oder sein Fehlen – für den Verkauf zu machen. Warum sollte man sich schließlich mit Talent beschäftigen, wenn jeder zum Verkäufer geschult werden kann? Warum über Talent nachdenken, wenn Übung den Meister macht? Das ist genau der Grund, warum so viele Verkaufsorganisationen so große Leistungsunterschiede zwischen ihren Verkäufern aufweisen und dies durch nichts langfristig ändern können.

Mythos 2: Es gibt eine richtige Verkaufstechnik. Das ist Unsinn. Es gibt keinen Plan, kein Programm und keine Technik, um den Verkauf garantiert anzukurbeln – auch wenn Sie bei der letzten Verkaufskonferenz diesen Typen auf der Bühne gesehen haben, der sagte: »Wenn Sie es genauso machen wie ich, übersteigt Ihr Erfolg Ihre wildesten Träume!« Bei ihm funktioniert sein Ansatz, weil er auf seinen Talenten, seinen Qualifikationen, seinem Wissen sowie seiner jahrelangen

Erfahrung beruht. Mit anderen Worten, wenn Sie er *sind,* dann klappt es auf seine Art. Sind Sie aber nicht. Sie können weder seine Methode noch die von irgendjemandem sonst nachahmen.

Heißt das, Sie können von anderen Verkäufern nichts lernen? Nun, das heißt es natürlich nicht. In jedem Fall können Sie Erkenntnisse gewinnen, wenn Sie den Erfolg anderer untersuchen. Das Geheimnis liegt jedoch darin, zu verstehen, dass Sie das Gelernte übernehmen und auf der Grundlage Ihrer eigenen Stärken anwenden müssen. Manchmal werden Sie feststellen, dass das Gelernte für Sie überhaupt nicht funktioniert. »Ich habe Freunde, die phänomenal gut Golf spielen können, und die haben in ihrem ganzen Leben keine einzige Golf-Unterrichtsstunde genommen«, sagt Dirk Tinley, Kreditberater bei der U. S. Bank Home Mortgage. »Ich dagegen habe Tausende Dollar in Golfunterricht gesteckt und ich bin immer noch genauso schlecht wie am ersten Tag.«

Es ist wichtig, diese Verkaufsmythen als das zu erkennen, was sie sind. Wir wollten die gängige Auffassung über das Verkaufen hinterfragen, weil wir wissen, dass derartige Mythen als Leistungsbremse fungieren. Das haben wir bei unserer Zusammenarbeit mit Firmen und bei der Gallup-Forschung immer wieder erfahren und wir haben es auch unmittelbar von den besten Verkäufern gehört, die wir je kennengelernt haben (und von denen Sie in diesem Buch einigen begegnen werden).

Sie haben Ihre eigenen Talente und Ihre eigenen Stärken und die müssen Sie für sich arbeiten lassen. Ja, Sie brauchen Wissen und Qualifikationen und Sie brauchen Praxis. Aber wenn Sie ein Top-Verkäufer werden wollen, dann brauchen Sie Wissen, Qualifikationen, Praxis und ein *umfassendes Verständnis Ihrer Talente.* Sie müssen das Beste aus Ihrer Persönlichkeit machen, anstatt zu versuchen, jemand anderer zu werden. Wenn Sie versuchen, jemand zu sein, der Sie nicht sind, ist das erschöpfend, demotivierend und es führt in die Mittelmäßigkeit.

Auf den folgenden Seiten erfahren Sie mehr über Talente und Stärken. Mithilfe des Clifton StrengthsFinder finden Sie heraus, welches

Ihre eigenen Talente sind, und Sie bekommen eine Vorstellung davon, wie Sie sie auf jeden Schritt des Verkaufsprozesses anwenden können, von der Kaltakquise bis zur Kundenpflege. Sie lernen die Grundlagen der Kundenbindung und wie Sie Ihre Kunden noch stärker begeistern können. Und Sie lernen, was Mitarbeiterengagement bedeutet und wie Sie sich selbst stärker in Ihre Arbeit einbringen können. Darüber hinaus werden Sie sich mit dem Problem der Work-Life-Balance beschäftigen und erfahren, warum das Konzept selbst völlig verfehlt ist.

Wenn man die Wahrheit über das Verkaufen akzeptiert – dass nicht jeder verkaufen kann und dass es ebenso viele Verkaufsmethoden wie Verkäufer gibt –, ist das extrem befreiend. Wenn Ihnen Verkaufen Spaß macht, wenn Sie gut darin sind und wenn Sie etwas von dem Erfolg darin finden, den Sie sich wünschen, dann besitzen Sie eine seltene Gabe – und das sollten Sie zu würdigen wissen. Sie sind jemand, der diese Arbeit machen kann. Und wenn Sie versuchen, eine Methode anzuwenden, oder einem Verkaufsstar nacheifern und das nicht klappt, dann ist es womöglich nicht Ihre Schuld. Sie sollten der sein, der Sie sind. Am erfolgreichsten sind Sie im Verkauf, wenn Sie das Beste aus sich machen.

Ein paar Worte an alle Vorgesetzten

Liebe Vorgesetzte, dieses Buch ist auch für Sie gedacht. Sie beurteilen die Leistung Ihres Teams, deshalb können die Erkenntnisse dieses Buches für Sie ebenso hilfreich sein wie für Ihre Außendienstmitarbeiter. *Stärke im Verkauf* greift auf jahrzehntelange Gallup-Untersuchungen zurück, welche die Leistungssteigerungen belegen, die durch den Einsatz der Talente und Stärken von Mitarbeitern entstehen. Noch mehr Belege haben wir für die symbiotische Beziehung zwischen Stärken und Mitarbeiterengagement, was die Leistung ohnehin beflügelt. Je mehr Ihre Leute also ihre Talente einsetzen, desto besser verkaufen sie und desto engagierter werden sie sein.

Aber, liebe Chefs: Sie können ihnen das nicht abnehmen. Sie können Ihrem Verkaufsteam nur dabei helfen, das Beste aus dem zu machen, was sie bereits mitbringen. Wie das geht, erfahren Sie, wenn Sie weiterlesen. Doch wir möchten Sie auch ermuntern, mit Ihren eigenen Talenten und Stärken vertraut zu werden, ehe Sie sich mit denen Ihres Verkaufspersonals befassen. Das Verständnis und der Einsatz Ihrer eigenen Talente werden Ihnen helfen, Ihre Leute zur Nutzung ihrer eigenen Talente und damit zur Verbesserung ihrer Leistungen zu motivieren. Nehmen Sie sich die Zeit, um zu begreifen, wie Ihre Stärken zu Ihrer Effektivität als Vorgesetzter beitragen. Genau wie wir Verkäufern den Verkaufserfolg durch den Einsatz ihrer Stärken ermöglichen, können auch Sie – und Ihr Team – mithilfe Ihrer Talente und Stärken Erfolge erzielen.

1
Stärken definieren

Die zentralen Punkte dieses Kapitels

➤ Ihre Talente sind einzigartig, und wenn Sie sie zum Einsatz bringen, verbessert das Ihre Leistung.

➤ Eine Stärke ist die Fähigkeit, kontinuierlich gute Ergebnisse durch die nahezu perfekte Ausführung einer bestimmten Aufgabe zu erzielen.

➤ Es erfordert harte Arbeit, Ihre natürlichen Talente in Stärken zu verwandeln; wenn Sie noch Qualifikationen, Wissen und Praxis hinzufügen, werden Ihre natürlichen Talente zum Multiplikator in der Stärken-Gleichung.

»Als ich die Ergebnisse des Clifton StrengthsFinder bekam, war ich total überrascht, wie zutreffend sie waren«, sagte Baylor, ein Verkaufsmitarbeiter, über den Talenttest von Gallup. »Aber das Komische ist: Ich hatte niemals über diesen ganzen Kram nachgedacht. Ich glaube, ich hatte nicht einmal bemerkt, dass ich Talente habe – und ganz sicher habe ich nicht versucht, meine Talente zu *verbessern*.«

Baylors Feststellung ist typisch. Die meisten von uns haben keine richtige Vorstellung von ihren Talenten. Wissen Sie wirklich, wer Sie sind? Kennen Sie tatsächlich Ihre Talente und wissen Sie, wie Sie sie im Verkauf einsetzen können? Wahrscheinlich nicht, möchten wir behaupten, jedenfalls nicht so gut, wie Sie könnten. Wie die meisten Menschen brauchen Sie wahrscheinlich einen tieferen Einblick darin, wie Sie Ihre einzigartigen Talente nutzen können – und wie Sie daraus einen Vorsprung bei Ihrer Verkaufsleistung erzielen könnten.

Gallup untersucht seit Jahrzehnten die Leistungen in vielen verschiedenen Berufen. Eine der ersten Berufsgruppen, die Gallup jemals erforschte, war die von Versicherungsvertretern Ende der 1960er-Jahre. Seither haben wir Millionen von Menschen in Hunderten von Positionen in Dutzenden von Branchen und in Ländern auf der ganzen Welt befragt und analysiert. Besondere Aufmerksamkeit widmeten wir denjenigen, die in ihren Berufen die Spitzenreiter waren. Und wir stellten fest, dass die Besten der Besten sich immer von den anderen unterscheiden. Das gilt auch für hervorragende Verkäufer. Auch wenn sie einige gemeinsame Merkmale haben mögen, sind die besten Außendienstmitarbeiter doch immer sehr voneinander verschieden.

So trafen wir uns beispielsweise vor Kurzem mit den 25 Top-Leuten eines großen Verkaufsteams für Krankenversicherungen. Wir fragten sie nach dem Leistungsunterschied zwischen den Top-Verkäufern des Unternehmens und allen übrigen und fanden heraus, dass die besten Verkäufer vier Mal produktiver waren als ihre Kollegen. Dieses Unternehmen beschäftigt Hunderte von Vertretern. Stellen Sie sich einmal vor, was diese Unterschiede in Geld umgerechnet ausmachen. Ein anderes Beispiel: Wir führten eine Studie mit 250.000 Vertretern durch, die für 170 Gallup-Kunden arbeiteten. Die Ergebnisse belegten, dass die besten 25 Prozent der Verkaufsmannschaft im Durchschnitt 57 Prozent der jährlichen Verkaufszuwächse in ihren Firmen erzeugten. Andererseits verkauften die schlechtesten 25 Prozent der Verkaufsmannschaft *weniger* als im Vorjahr.

Wir untersuchten diese Zahlen auf jede nur mögliche Weise, um eine Erklärung für diese verblüffende Varianz bei den Verkaufsergebnissen zu finden. Der Unterschied lag nicht in der Erfahrung; wir befragten niemanden mit weniger als einem Jahr Berufserfahrung. Er lag auch nicht in der Ausbildung; die Analyse zeigte, dass die Ausbildung keinen Zusammenhang mit der Produktivität aufwies. Also, warum leisteten einige Verkäufer – die in vieler Hinsicht genau wie alle anderen waren – so viel mehr als andere? Der Unterschied war *Talent*. Die besten Verkaufsprofis besaßen die ungewöhnliche Fähigkeit, nachhaltige und profitable Beziehungen zu den Kunden aufzubauen, das Geschäftliche außen vor zu lassen und diese Beziehungen über lange Zeiträume produktiv zu halten. Das ist eine Frage des Talents.

Die Stärken-Gleichung

Ihre Talente sind angeboren. Aber Talent allein ist noch keine Stärke. Um Ihre natürlichen Talente in Stärken zu verwandeln, müssen Sie Qualifikationen, Wissen und Erfahrung hinzufügen. Das alles sind wichtige und notwendige Bestandteile der Stärken-Gleichung.

Talent (eine natürliche Art des Denkens, Fühlens oder Verhaltens)

✖

Investition (Übungszeit, Weiterentwicklung der Qualifikationen und Aufbau einer Wissensgrundlage)

=

Stärke (die Fähigkeit, kontinuierlich fast perfekte Leistungen zu erbringen)

Sie werden die Gelegenheit haben, anhand des Clifton Strengths-Finder herauszufinden, welches Ihre individuellen Talente sind. Doch lassen Sie uns zuvor diese Begriffe definieren:

Ein **Talent** ist eine natürliche Art des Denkens, Fühlens oder Verhaltens, zum Beispiel die Tendenz, im gesellschaftlichen Miteinander aus sich herauszugehen. Talente existieren von Natur aus und können nicht erworben werden wie Qualifikationen und Wissen. Gallup unterteilt die Talente in 34 übergeordnete Kategorien, die als »Talentthemen« bezeichnet werden, zum Beispiel *Leistungsorientierung, Analytisch, Wettbewerbsorientierung, Bindungsfähigkeit* und *Strategie*. Diese Talentthemen drücken sich bei jedem Menschen anders aus. Talent alleine ist jedoch für Verkaufsleistungen nicht ausreichend. Talent ist eine Vorbedingung für den Erfolg, doch es muss durch Qualifikationen, Wissen und Übung verfeinert werden.

Eine **Stärke** ist die Fähigkeit, kontinuierlich gute Ergebnisse zu erzielen durch nahezu perfekte Leistungen bei einer spezifischen Aufgabe. Es ist nicht leicht, diesen Leistungsstand zu erreichen und Talent ist nur der Ausgangspunkt; Qualifikationen, Wissen und Übung sind ebenfalls entscheidend für die Steigerung der Leistung und das Erzielen von Erfolg.

Eine **Qualifikation** ist die grundlegende Fähigkeit, sich durch die fundamentalen Schritte einer Aufgabe zu bewegen. Qualifikationen können durch formelle oder informelle Ausbildungen erworben werden. Beispielsweise ist das Ausfüllen einer Spesenabrechnung eine Qualifikation, die häufig im Rahmen von Verkaufsschulungen vermittelt wird.

Wissen ist Information – es ist das, was Sie kennen. Beispiele dafür sind Marktzahlen und Produkt- und Dienstleistungsdetails.

Übung ist Wiederholung, das aktive Arbeiten an Ihren Talenten. So wie Sie Übung brauchen, um beim Gewichtheben Muskeln aufzubauen, benötigen Sie auch Übung – zusätzlich zu Schulung und Ausbildung, Feedback von anderen und Erfahrung –, um Ihre Talente in Stärken zu verwandeln.

Wenn Sie in einem Stärkenbereich arbeiten, sind Sie auf der Höhe Ihrer Leistungsfähigkeit. Ihr Talent ist jederzeit verfügbar und bestimmt Ihre Reaktionen auf die Welt um Sie herum. Indem Sie Wissen, Qualifikationen und Übung hinzufügen, verfeinern Sie Ihre Talente und machen sie produktiver. Wenn Sie jedoch nicht in einem Stärkenbereich arbeiten, werden Sie nicht so weit kommen, wie Sie gerne möchten.

»Für mich ist das ganz selbstverständlich. Ich mache es einfach«, sagte TC Crafts, Center Director bei Jenny Craig. »In meiner Firma arbeiten wir an unseren Stärken und konzentrieren uns auf die Talente jedes Einzelnen. Und wir verbessern unsere Qualifikationen und bekommen Wissen aus der Schulungsabteilung.« Viele Verkaufsmitarbeiter bestätigen uns diesen Effekt – Talente scheinen etwas ganz Natürliches zu sein. Der Verkäufer eines Möbelhauses sagte: »Ich glaube wirklich, ich wurde dafür geboren. Ich kann mir einfach nicht vorstellen, was ich mit meinem Leben anfangen soll, wenn ich nicht verkaufe. Und ich will ja nicht angeben, aber ich bin der beste Kundenbetreuer in unserer Firma. Aber ich wäre ein totaler Versager in diesem Job, wenn ich meine Produktpalette, meine Kunden und die Branche nicht in- und auswendig kennen würde.«

Die Anwendung des Clifton StrengthsFinder

Um Ihre Talente zu entdecken, können Sie einen kurzen Test machen, den sogenannten Clifton StrengthsFinder. Dazu brauchen Sie den speziellen Zugangscode, den Sie am Ende dieses Buches finden. Während des Tests werden Sie gebeten, eine Reihe von Fragen zu beantworten. Beantworten Sie sie zügig, denn Ihre spontanen Reaktionen spiegeln am deutlichsten wider, wer Sie sind. Wenn Sie den Test beendet haben, erhalten Sie eine Auswertung, die Ihre fünf wichtigsten Talentthemen enthält. Zwar hat jeder einen gewissen Grad an Talent in allen 34 Talentthemen, aber die ersten fünf haben die größten Auswirkungen auf Ihre Persönlichkeit.

Bedenken Sie: *Alle* Talente sind wichtig sind. Und sie alle können zum Erfolg im Verkauf beitragen. Gallup hat Hunderttausende von Verkäufern untersucht und wir haben alle 34 Talentthemen im Einsatz erlebt. Top-Verkäufer nutzen ihre Talente, egal welche es sind, bis zum Äußersten. Sie sind wie Profisportler – manche sind tolle Läufer, manche sind tolle Schwimmer und manche sind tolle Werfer. Sie sind alle in jeder Hinsicht unterschiedlich, außer in einer: Bei dem, was sie tun, sind sie besser als jeder andere.

Bei der Lektüre dieses Buches sollten Sie Ihr StrengthsFinder-Ergebnis bereithalten. Wenn Sie erst einmal Ihre Talente erkannt und gelernt haben, wie Sie sie mit Qualifikationen, Wissen und Übung kombinieren müssen, werden Sie Ihre Arbeit in einem ganz neuen Licht sehen. Sie werden eine neue Perspektive auf Ihren einzigartigen Verkaufsansatz gewinnen. Sie erhalten Einblick in die Bewältigung Ihrer Karriere und Ihres Lebens. Sie werden sogar erkennen, wo Sie falsche Entscheidungen getroffen haben. Am wichtigsten jedoch ist, dass Sie begreifen werden, wie Sie anhand Ihrer Stärken verkaufen können. Sie werden sehen, wie der Einsatz Ihrer Talente – und die Erkenntnis dessen, wer Sie wirklich sind – Sie zu einem besseren Verkäufer macht.

2

Stärken und Schwächen

Die zentralen Punkte dieses Kapitels

➤ Stärkenzentriertes Verkaufen ist die Anwendung individueller Stärken zur Erzielung von Verkaufserfolgen.

➤ Eine Schwäche ist etwas, das Ihrer Leistung oder der Leistung eines anderen im Wege steht. Sie können Ihre Schwächen nicht ignorieren, aber Sie können Ihre Stärken einsetzen, um damit umzugehen.

Nachdem Sie nun den Clifton StrengthsFinder angewendet haben, können Sie darüber nachdenken, wie Sie Ihre Talente, Ihre Qualifikationen und Ihr Wissen kombinieren und Übung hinzufügen können, um Ihre Erfolgskapazität zu erhöhen. Das Problem ist, dass Talente häufig unerkannt bleiben oder missverstanden werden, während man Qualifikationen, Wissen und Übung überschätzt.

Wir leben in einer Welt, die ganz versessen ist auf das Ausmachen von Schwächen. Schon in der Schule werden die Kinder angewiesen, den Großteil ihrer Zeit mit ihren schwächsten Fächern zu verbringen, damit sie »vielseitig versiert« werden. Am Arbeitsplatz konzentrieren sich Leistungsbeurteilungen häufig auf unsere »Möglichkeitsbereiche«, in denen wir mit mehr Anstrengung, Übung oder Aufmerksamkeit der Unternehmensleitung angeblich besser sein könnten. Am besten formuliert das ein Vertreter für Papierwaren: »Mein Chef will immer nur mit mir darüber sprechen, was ich falsch mache. Was ich richtig mache, erwähnt er nie.« Viel zu viele Verkaufsorganisationen wie auch Unternehmen ganz allgemein vernachlässigen die Talente und legen den Schwerpunkt auf die Schwächen. Außerdem glauben viel zu viele Verkaufsleiter, dass Schulungen schon alles richten werden.

Schulungen

Schulungen sind wichtig. Niemand kann diesen Beruf ausüben und genau wissen, was wie zu tun ist, ohne darin ausgebildet worden zu sein. Verkaufen kann sehr komplex sein. Von den Produkten über die Dienstleistungen, die Systeme, die Abläufe und die zwischenmenschliche Dynamik gibt es eine Menge zu berücksichtigen. Und Sie sollten so viel wie möglich davon in Schulungen lernen.

Aber Talent kann man nicht lehren. Man kann Sie durch Schulungen nicht perfekt in etwas machen, das Talent erfordert, wie zum Beispiel das Verhandeln. Sie können die Qualifikationen erwerben, um alle Schritte eines Verhandlungsgesprächs zu durchlaufen, und Sie können Verhandlungstricks und Psychologie lernen. Aber Sie können nicht lernen, Kunden furchtlos zum Zahlen hoher Preise aufzufordern oder voller Selbstvertrauen demonstrativ eine Verhandlung zu verlassen oder Ihren Kunden mit Überzeugungskraft zu einer Entscheidung zu treiben. Wenn Sie nicht besonders viel Verhandlungstalent besitzen, können Sie ein bisschen besser darin werden, indem Sie Verhandlungstricks lernen, aber wenn Sie Verhandlungstalent *haben,* werden Sie *viel* schneller *viel* besser werden.

Wir verstehen durchaus die Frustration von Vorgesetzten, die angesichts schwankender Leistungsergebnisse Anleitungen und Arbeitsvorgaben aus der Schublade ziehen und ihren Vertretern in die Hand drücken. Aber der Versuch, das Verhalten in einem Bereich zu regeln, bei dem es vorwiegend auf Talent ankommt, ist nicht nur fruchtlos, sondern kann auch zum Innovationskiller werden. Es gibt für nahezu jede Tätigkeit mehr als eine Methode und eine Anleitung zwingt alle, sich identisch zu verhalten. Das ist die falsche Art des Schulens. Statt vorgegebenen Schritten zu folgen, raten wir ehrgeizigen Verkäufern, die notwendigen Qualifikationen und Kenntnisse zu erwerben. Lernen Sie, was Sie wissen müssen, um im System Ihres Unternehmens zu arbeiten. Dann üben Sie die Bereiche aus, in denen Sie herausragen, denn das wird Ihnen dabei helfen, Ihre Stärken aufzubauen.

Stärken

Damit kehren wir zum Thema Stärken zurück. Sie erinnern sich: Eine Stärke ist die Fähigkeit, kontinuierlich ein positives Ergebnis durch nahezu perfekte Leistungen in einer spezifischen Aufgabe zu erzielen. Beim stärkenzentrierten Verkauf setzen Sie Ihre Stärken ein, um Verkaufserfolge zu generieren.

Nehmen wir beispielsweise Marcy. Unter ihren fünf größten Talentthemen sind *Kontext* (historische Perspektive) und *Harmoniestreben* (eine Vorliebe für Übereinstimmung). Das mag nicht so aussehen wie die typischen Talentthemen für Verkäufer, ebenso wenig wie die Tatsache, dass sie einen Hochschulabschluss in Philosophie hat. »Ich habe nirgendwo anders ein Bewerbungsgespräch bekommen«, sagte Marcy, die für ein Unternehmen arbeitet, das Fenster direkt an Hausbesitzer verkauft. Am ersten Tag ihrer Ausbildung war sie überzeugt: »Das war nichts für mich – es war total aggressiv und keiner konnte einen Satz sagen, ohne dass Sport darin vorkam.«

An ihrem ersten Arbeitstag brach Marcy drei Mal in Tränen aus. Bis zu ihrem vierten Tag schaffte sie es, die Tränen zurückzuhalten, bis sie zu Hause war. Am fünften Tag pfiff sie auf ihren Arbeitsplatz und zog es einfach nur durch, weil sie wusste, dass sie sowieso bald gekündigt werden würde. »Mein letzter Interessent an diesem Tag ließ mich herein. Und das Erste, was ich tat, war, ihm übermäßig zu danken. Nicht gerade lehrbuchmäßig«, sagte Marcy. »Aber mir fiel auf, dass er Orchideen züchtete. Ich platzte damit heraus, dass wir Fenster herstellen könnten, die keinerlei UV-Strahlung durchlassen, aber dass wir das nicht tun, damit die Menschen Zimmerpflanzen halten können.«

Sie vertieften sich so sehr in das Gespräch über Orchideen, dass Marcy ihre eigentliche Aufgabe vergaß, Fenster zu verkaufen. Und als es ihr wieder einfiel, kam es ihr mehr wie ein hilfreicher Vorschlag vor als wie ein knallharter Verkaufsvorgang. »Es ist ja so, Orchideen vertragen keine starken Temperaturschwankungen, brauchen aber viel Licht. Und der Hausbesitzer hatte gigantische Gasrechnungen. Wir beklagten uns eine Weile über die Energiepreise und dann fing ich an, Statistiken über die geschätzten Energieeinsparungen einzustreuen.«

Kurz darauf maß sie bereits die Fenster aus und berechnete die Kosten für die Erneuerung. Am Ende machte Marcy den Verkauf perfekt und fuhr trockenen Auges nach Hause. Sie hatte es aufgrund ihrer Fähigkeit geschafft, Hintergrundinformationen mit einer gangbaren Lösung für ihren Kunden zu verknüpfen. Bis zum Jahresende zählte sie zu den besten 15 Prozent in ihrem Team. Wie Marcys Geschichte beweist, maximieren Ihre Stärken Ihre Fähigkeiten.

Wenn Sie mit Ihren Stärken arbeiten, geraten Sie in einen Flow-Zustand, den der Psychologe Mihály Csíkszentmihályi beschrieb als »ein totales Aufgehen in einer Aktivität um ihrer selbst willen. Das Ego tritt in den Hintergrund. Die Zeit verfliegt. Jede Handlung, jede Bewegung und jeder Gedanke folgt unvermeidlich aus dem Vorhergehenden, und Sie nutzen Ihre Qualifikationen bis zum Äußersten.« Wenn Sie einen Stärkenschwerpunkt bis zum Äußersten nutzen, fühlen Sie sich energiegeladen, stark und sogar ein bisschen euphorisch.

Wenn Sie nicht in einem Stärkenschwerpunkt arbeiten, wird es schwieriger. Im Verkauf, wie auch in jeder anderen Position, wird das häufig offensichtlich, wenn jemand kein Talent für die Tätigkeit besitzt. Jeder Schritt des Vorgangs fühlt sich an wie ein anhaltender Kampf und die Resultate lassen vermutlich zu wünschen übrig. Wenn das passiert – wenn Sie keinen natürlichen Flow empfinden und die richtigen Partnerschaften keinen Erfolg hervorbringen –, passen Ihre Talente womöglich nicht zu dieser Position.

Wie man Talente in Stärken verwandelt

Es ist jetzt an der Zeit, über Ihre Talente nachzudenken und wie Sie sie in Stärken umformen können. Rufen Sie sich die entscheidenden Elemente Ihrer Tätigkeit ins Gedächtnis – diejenigen Dinge, für deren Fehlen oder mangelhafte Durchführung man Sie entlassen würde. Zweifellos haben Sie ein Verkaufsziel. Vielleicht haben Sie ein Kontingent von Personen, die Sie aufsuchen müssen, vielleicht auch ein Kaltakquisen-Soll. Ganz sicher müssen Sie Papierkram erledigen. Was noch? Was sind die Aktivitäten, die Sie ausführen müssen, um Ihre Stelle zu behalten? Vor diesem Hintergrund denken Sie einmal darüber nach, wie ihre fünf stärksten Talentthemen mit den Anforderungen Ihrer beruflichen Position zusammenpassen.

Nehmen wir Pablo als Beispiel. Pablo ist Vertreter und seine fünf stärksten Talentthemen sind *Leistungsorientierung, Analytisch, Vor-*

stellungskraft, *Fokus* und *Wettbewerbsorientierung*. Als Pablo aufgefordert wurde, über seine fünf ausgeprägtesten Talentthemen nachzudenken und darüber, wie sie zu seiner Verkäuferrolle passen, sagte er: »Leistungsorientierung – ich glaube, das ist es, weshalb ich mich gerne abrackere. Analytisch – diese Stärke setze ich wohl ein, um zu erkennen, inwiefern und ob der Kunde das braucht, was ich verkaufe. Ich verwende meine Vorstellungskraft, um Kunden bei der Kaltakquise ausfindig zu machen, die ich nicht ausstehen kann, oder um anderen deutlich zu machen, wie sie unsere Produkte anwenden könnten. Ich muss eine Menge Dinge gleichzeitig machen, aber der Fokus hält mich in der Spur; ich kenne eine Menge Vertreter, die sich so zwischen ihren Kunden verzetteln, dass sie nie genau wissen, was sie eigentlich gerade machen. Wettbewerbsorientierung – das ist einfach. Ich will gewinnen. Und das sollte jeder im Verkauf wollen.«

Dies ist die Sichtweise, mit der Pablo die Welt betrachtet. Sie wird für jeden anders ausfallen; nicht jeder Verkaufsmitarbeiter lässt sich beispielsweise durch den Wettbewerb motivieren. Machen Sie sich keine Sorgen, wenn Sie zwischen Ihren Talenten und Ihrer beruflichen Rolle jetzt noch keine perfekte Übereinstimmung erkennen können. Wir möchten nur, dass Sie anfangen, über Ihre Talente nachzudenken und wie Sie sie einsetzen können, um Ihre Leistung zu verbessern. Ein Hinweis: Betrachten Sie die Teile Ihrer Arbeit, die Ihnen am meisten Freude machen, die Sie in einen Flow-Zustand versetzen. Es ist sehr wahrscheinlich, dass Sie in diesen Momenten mit Ihren Stärken arbeiten.

Vielleicht haben Sie auch Talente, die mit Teilen Ihrer beruflichen Tätigkeit nicht zusammenzupassen scheinen. Beispielsweise könnten Ihre Talente auf den Aufbau tiefer Beziehungen ausgerichtet sein. Aber was ist, wenn Sie in einem Beruf arbeiten, der Sie diese Talente nicht zum Einsatz bringen lässt? Wenn dem so ist, muss Ihr Beruf weniger befriedigend für Sie sein – und es könnte Ihnen schwerer fallen, anhaltendes Engagement darin zu zeigen. Solche mangelnden Übereinstimmungen sind nichts Schlimmes, aber Sie müssen eine Möglichkeit finden, mit diesem Missverhältnis umzugehen und trotzdem effektiv zu arbeiten. Überlegen Sie, wie Sie Ihre

Talente maximieren können und was Ihnen am besten gelingt, dann ziehen Sie daraus Ihren Vorteil. Und wenn es gar keine Möglichkeit gibt, sich in Ihrer aktuellen Tätigkeit wohlzufühlen, ziehen Sie eine andere Verkaufsposition in Betracht, bei der Sie Ihre Talente effektiver einsetzen können.

Schwächen

Der Begriff »Schwächen« hört sich nicht gut an. Deshalb wird er in so vielen Büchern, Schulungen und Fortbildungen durch Wörter wie »Herausforderungen«, »Entwicklungsbereiche«, »Dinge, die Sie weniger gut beherrschen«, »Lernbedarf« oder »Fallstricke« bezeichnet. Aber derartige Euphemismen sind Ihnen oder Ihrem Arbeitgeber keine Hilfe – und sie sind auch nicht korrekt.

Eine Schwäche ist ein Mangel oder eine falsche Anwendung von Wissen, Qualifikation oder Talent, die sich negativ auf Ihre Leistung oder die anderer auswirkt. Sie können sich Schwächen auch wie Hindernisse vorstellen, weil sie Ihre Leistung blockieren. Womöglich finden Sie sich damit ab, in einem Schwächenbereich zu arbeiten, und vielleicht finden sie Möglichkeiten, um die negativen Auswirkungen so gering wie möglich zu halten. Aber Sie werden nie Freude daran haben und wahrscheinlich geraten Sie nie in einen Flow-Zustand, wenn Sie in einem Schwächenbereich tätig sind.

Gehen wir noch einmal zurück zu Pablo. Als Pablo seinen kompletten Talentthemen-Bericht durchlas (der seine 34 Talentthemen in absteigender Reihenfolge enthält), fiel ihm auf, dass *Einfühlungsvermögen* sein 30. Thema war. »Mein Einfühlungsvermögen ist wirklich unterirdisch, das wird Ihnen meine Frau bestätigen«, sagte Pablo. »Und jedes Mal, wenn ich versuche, mich in jemanden hineinzuversetzen, bin ich über *ihn* gefrustet. Das verbessert die Lage nicht gerade. Ich habe gelernt, *so zu tun,* als würden mich die Dinge kümmern, die für meine Kunden von Bedeutung sind. Aber in Wahrheit habe ich gar keine Lust, darüber nachzudenken.«

Und warum sollte er auch? Manchmal erfordert es Ihr Job, in einem Bereich zu arbeiten, der keine Ihrer Stärken darstellt – aber eine Schwäche ist das nur, wenn es Ihnen oder jemand anderem Probleme macht. Pablo erkannte, dass sein fehlendes Einfühlungsvermögen in den meisten Fällen kein Hindernis darstellt, wenn er es schafft, seine anderen Talente auszunutzen. Wenn er sich zum Beispiel auf seine analytischen Fähigkeiten konzentriert, um Informationen zusammenzutragen, die Faktenlage einzuschätzen und auf logischem Wege eine Lösung zu erarbeiten, kann dies dazu beitragen, dass er auf den Kunden einen mitfühlenden Eindruck macht.

Das ist der Grund, warum wir Sie aufgefordert haben, über Ihre Talente und Ihre berufliche Tätigkeit nachzudenken. Die Stellen, an denen Sie eine direkte Verbindung zwischen Ihren Talenten und Ihrer Arbeit erkannt haben, sind Ihre Chancenbereiche – weil sie zu Stärken werden können, wenn Sie sie weiterentwickeln. Die Stellen, an denen Sie keine direkte Verbindung zwischen Ihren Talenten und Ihrer Arbeit sehen, können zu Schwächenbereichen werden, falls Sie nicht damit umgehen können. Wenn diese Bereiche Ihrer beruflichen Leistungsfähigkeit im Wege stehen oder Ihre Kollegen beeinträchtigen, werden sie zu einem Problem und Sie müssen sie bewältigen.

Um ein tieferes Verständnis der Talente zu erhalten, über die Sie verfügen, und der Schwächen, die Ihnen hinderlich werden könnten, können Sie eine Selbstüberprüfung vornehmen. Der StrengthsFinder war der erste Schritt. Ein zweiter Schritt ist, zu bestimmen, wofür Sie Ihre Zeit und Ihre Energie aufwenden – und was der Lohn Ihrer Mühen ist. Wenn es unverhältnismäßig viel Zeit und Anstrengung erfordert, um bestimmte Bereiche Ihrer Arbeit zu erledigen, und Sie sie trotzdem nicht gut machen, ist das mit einiger Wahrscheinlichkeit eine Schwäche. Und wenn Ihr Chef verlangt, dass Sie alles perfekt machen, fragen Sie ihn, welches das wichtigste Ergebnis Ihrer Bemühungen sein sollte. Wahrscheinlich werden Sie etwas zu hören bekommen wie »Umsatz erzielen«. Sorgen Sie dafür, dass Sie Ihre Stärken einsetzen und Ihre Schwächen in den Griff bekommen, um dieses Ziel zu erreichen.

Pablo ist zum Beispiel ganz schlecht in der Kaltakquise. Er findet es schwierig, sich das Leben anderer vorzustellen, sogar wenn er sie gut kennt; sich in Fremde einzufühlen, ist ihm beinahe unmöglich. Um der Besorgnis seines Chefs wegen seiner unzulänglichen Kaltakquise entgegenzuwirken, hat Pablo einen direkten Ansatz gewählt. Er hat seinem Chef gezeigt, dass es dem Unternehmen Kosten verursacht, wenn er zu viel Zeit auf seine schwächeren Bereiche verwendet. Pablo erklärte: »Ich habe meinem Chef gesagt: ›In der Zeit, die ich in den letzten sechs Monaten für unangemeldete Anrufe gebraucht habe, hätte ich zwölf persönliche Besuche machen und dabei die Kundensituation vor Ort analysieren können. Meine durchschnittliche Trefferquote bei solchen Terminen ist ein Abschluss auf drei Besuche. Stattdessen habe ich meine Zeit mit 50 Kaltakquise-Anrufen vertan, von denen nur vier zu einem persönlichen Termin führten.‹ Also fragte ich meinen Vorgesetzten, ob ich mich nicht mit jemandem zusammenschließen könnte, der besser in der Kaltakquise ist als ich. Auf diese Weise hätten wir beide was davon.«

Das Entscheidende ist, ein Geschäftsszenario zu entwerfen, damit Sie sich auf Ihre Stärken konzentrieren und mit Ihren Schwächen umgehen können. Ihrem Boss zu erzählen, dass Sie etwas nicht können, weil es Ihnen nicht wie eine Ihrer Stärken erscheint, wird vermutlich nicht allzu gut funktionieren. Beweisen Sie stattdessen, dass Ihre Stärken wertvoll für Ihre Organisation sind, und zeigen Sie Ihrem Vorgesetzten, dass Sie einen Plan für den Umgang mit Ihren schwächeren Bereichen haben. Dann werden Ihre Schwächen nicht so bedeutend erscheinen.

Doch das ist nur der Anfang der Konversation. Menschen, die fortwährend eine Bestätigung ihrer Stärken erhalten, sind leistungsstärker. Gallup-Studien haben erwiesen, dass Gastronomie-Vertreter, die ein Stärken-Coaching bekamen, pro Gast 11 Prozent mehr Umsatz machten und im Durchschnitt eine um 6 Prozent höhere Abschlussquote hatten als Vertreter, die kein Stärken-Coaching erhielten. In manchen Verkaufspositionen macht ein Prozentpunkt mehr oder weniger Leistung Tausende Euro aus – oder sogar noch mehr.

Nachdem Sie nun wissen, was Stärken sind – und herausgefunden haben, welche Ihre fünf vorrangigen Talentthemen sind –, ist es an der Zeit, sie im Verkaufsprozess zur Anwendung zu bringen. Fangen wir ganz vorne an: bei der Kundengewinnung.

3

Kundengewinnung

Die zentralen Punkte dieses Kapitels

➤ Die Schritte der Kundengewinnung können darauf heruntergebrochen werden, was Sie gut können und wobei Sie Hilfe brauchen.

➤ Als Verkäufer müssen Sie Ihren Widerstand gegen Telefonanrufe überwinden. Entscheidend ist, Ihren Widerstand als das zu erkennen, was er ist, zu untersuchen, warum Sie ihn empfinden, und dann über die Talente nachzudenken, mit denen Sie ihn bekämpfen können.

➤ Um den Kontakt zu einem wichtigen Interessenten herzustellen, kann es erforderlich sein, einen »Vorzimmerdrachen« als Förderer und Fürsprecher zu gewinnen. Gehen Sie nicht nur aufgrund der Position oder des Titels einer Person davon aus, dass sie Ihnen nicht von Nutzen sein kann.

»Am ersten Tag eines Lehrgangs erzählt ein Verkaufschef den Neuen immer, dass das Verkaufen ein Zahlenspiel ist«, berichtete uns ein Vertreter. »Je mehr Interessenten man anspricht, desto wahrscheinlicher ist es, dass man Termine bekommt. Je mehr Termine man wahrnimmt, desto mehr Angebote macht man, je mehr Angebote, desto mehr Verkäufe. Ich bin längst über meinen ersten Lehrgang hinaus, aber je älter ich werde, desto mehr muss ich zugeben, dass es stimmt.«

Da müssen wir zustimmen, obgleich wir darauf hinweisen möchten, dass die »Zahlenspiel«-Theorie einen Großteil dessen übersieht, was zu nachhaltig guten Verkaufsleistungen führt. Trotzdem ist die Kundengewinnung – oder die Suche nach Geschäftsmöglichkeiten, wo Ihr Unternehmen bisher keine Geschäfte macht – ein essenzieller, wenn auch unbeliebter beruflicher Aspekt für viele Vertreter. Wenn die Kundengewinnung, insbesondere die Kaltakquise, bei Ihnen nicht so gut läuft, liegt es vielleicht daran, dass Ihre Methode nicht auf Ihren Stärken aufbaut.

Nutzen Sie, was Sie haben

»Anfangs habe ich mich mit unangemeldeten Anrufen schwergetan, aber dann wurde ich ganz gut darin«, sagte ein Verkaufsleiter aus dem Gastronomiebereich. »Und ich wurde deshalb gut, weil ich ein paar Fehler gemacht und weil ich meinen Wohlfühlbereich gefunden habe.« Menschen mit bestimmten Talentthemen empfinden womöglich keinerlei Abneigung gegen Kaltakquise-Anrufe. Sie haben kein Problem mit dem Krieg des Willens, der immer mitschwingt, wenn man einen Fremden kontaktiert und eine Geschäftsbeziehung aufbaut. Womöglich genießen sie das sogar. Wenn eines Ihrer stärksten Talente beispielsweise *Autorität* ist, stellen Kaltanrufe für Sie vielleicht überhaupt kein Problem dar. Im Gegenteil, Sie könnten sie als regelrechten Nervenkitzel schätzen. Autorität veranlasst Sie, sich Herausforderungen zu stellen, Anstöße zu geben und andere zu überzeugen, etwas zu tun, von dem sie vermutlich nie gedacht hätten, dass sie es tun würden.

Menschen mit starker *Kontaktfreudigkeit* freuen sich auf jede Begegnung mit der Außenwelt, um ihre Beziehungen zu vervielfachen. Kontaktfreudigkeit kann aber auch dazu führen, dass Zurückweisungen schwerer zu ertragen sind. Schließlich geht es bei der Kontaktfreudigkeit auch darum, andere für sich zu gewinnen, und das wird Ihnen nicht bei jedem gelingen, den Sie unangekündigt anrufen. Wenn jedoch Kontaktfreudigkeit zu Ihren fünf stärksten Talenten zählt, werden Sie wohl trotzdem hartnäckig bleiben, denn es widerstrebt Ihnen, aufzugeben, ehe Sie jemanden überzeugt haben.

Wer *Tatkraft* zu seinen fünf größten Talenten zählt, kann es kaum erwarten, die Dinge ins Rollen zu bringen und Entscheidungen zu treffen. Diese Personen werden immer und immer wieder mit den Kaltakquise-Anrufen fortfahren. Wer *Wettbewerbsorientierung* zu seinen Stärken zählt, strebt nach dem Sieg. Und man kann nicht siegen, wenn man nicht telefoniert oder den Kunden aufsucht. Und wer seinen Talentschwerpunkt im Bereich *Selbstbewusstsein* hat, hilft anderen, ihr Selbstvertrauen zu entwickeln – er hält es für sein gutes Recht, den Anruf oder den Besuch zu machen.

Wer an den fünf obersten Stellen Talentthemen hat, in denen es eher um kontemplative Ansätze geht – wie etwa *Vorstellungskraft*, *Wissbegier*, *Ideensammler* oder *Strategie* –, neigt zur Verwendung intellektueller Vorgehensweisen. Und mit einer Lösung anzufangen ist eine gute Methode, die Aufmerksamkeit eines Interessenten zu erlangen. »Ich habe immer nach unterschiedlichen Möglichkeiten gesucht, etwas zu machen«, sagte ein Verkäufer, der *Strategie* unter seinen fünf stärksten Talentthemen hatte. »Ob es eine Anweisung ist oder ein bestimmter zu verkaufender Artikel, ich habe immer versucht, zunächst einmal die Frage nach dem *Warum* zu beantworten. Warum haben wir das hergestellt? Warum sollte der Kunde es haben wollen? Ich muss wissen, *warum*, bevor ich jemand anderen überzeugen kann.«

Das Erstellen einer wohlüberlegten Anrufliste ist nur die Hälfte des Weges. Sie müssen immer noch das Interesse des Kunden wecken und den Verkaufsprozess in Gang setzen. Manche Verkäufer nutzen ihre Talente in Bereichen wie *Einzelwahrnehmung, Einfühlungsvermögen, Bindungs-* oder *Kommunikationsfähigkeit*, um die Kaltakquise etwas aufzuwärmen. Andere setzen ihre Stärken der *Leistungsorientierung, Tatkraft* oder *Strategie* ein, damit ihr ursprünglicher Gesprächsansatz mehr Durchschlagskraft erhält.

Menschen mit starkem Talent in einigen Bereichen sind eher gesellig, freundlich und extravertiert. Wer mit *Kommunikations-* oder *Bindungsfähigkeit, Integrationsbestreben, Positive Einstellung* oder *Kontaktfreudigkeit* führt, tendiert dazu, gerne mit anderen zu sprechen und mehr über sie erfahren zu wollen. John Wells, Senior Vice President bei Interface, ist ein gutes Beispiel dafür. »Ich habe Kontaktfreudigkeit, Einzelwahrnehmung und Entwicklung, deshalb kann es mich nicht abschrecken, eine Tür zu öffnen oder einen Kaltanruf zu machen«, sagte er. »Ich habe das von Anfang an gern gemacht.«

Manchen jedoch fällt die Kundengewinnung nicht ganz so leicht. Manchmal scheint der Zweck des Anrufs – nämlich das Verkaufen – dem Aufbau einer Beziehung im Weg zu stehen, zumindest für diejenigen, die besonders ausgeprägte soziale Fertigkeiten besitzen. Obwohl diese Verkäufer es vielleicht genießen, Fremde zu Freunden zu machen, wird ihre Begeisterung durch die Tatsache gedämpft, dass ihr Ziel das Überreden ist. Weil das so ein unangenehmes Gefühl ist, hetzen sie durch das Verkaufsgespräch zum nächsten Punkt – dem eigentlichen Abschluss – oder überspringen ihn ganz.

Wenn Ihnen das bekannt vorkommt, setzen Sie Ihre Talente ein, um durch zielgerichtetere Gesprächsführung Beziehungen aufzubauen. Ihr *Verantwortungsgefühl*, Ihre *Tatkraft*, Ihr *Fokus* oder Ihre *Disziplin* können Ihnen dabei helfen, bei Ihren Interessenten das Ziel im Auge zu behalten. Die Stärken *Analytisch, Vorstellungskraft, Arrangeur-* oder *Kontexttalent* lassen Sie Lösungen finden und rufen bei Ihren Kunden oder Interessenten mehr Wohlwollen hervor.

Talentthemen wie *Leistungsorientierung, Höchstleistung, Tatkraft* oder *Wettbewerbsorientierung* können sich verstärken und müssen bei der Kundengewinnung möglicherweise unter Kontrolle gehalten werden. »Ich versuche, meine Leistungsorientierung zu kontrollieren, denn, na ja, ich verbringe meine Zeit womöglich mit Dingen, die keinen Wert schöpfen«, sagte Alain Tremblay, Senior Manager of Business Development bei Standard Life. Vertreter mit ausgeprägten Talentthemen wie *Leistungsorientierung* lassen sich oft durch das »Zahlenspiel« der Kundengewinnung motivieren. Sie empfinden vielleicht nicht den Nervenkitzel der Eroberung wie Menschen mit *Autorität* oder *Kontaktfreudigkeit* und sie haben vielleicht nicht denselben Spaß beim Rätsellösen wie Menschen mit der Stärke *Analytisch* oder *Arrangeure*. Aber weil sie motiviert sind, etwas zu Ende zu bringen, werden sie sich hartnäckig durch die Interessentenliste arbeiten. Was sie dabei belohnt, ist die Befriedigung, etwas geschafft zu haben. Wenn Sie mit *Leistungsorientierung, Höchstleistung, Tatkraft* oder *Wettbewerbsorientierung* führen, hilft Ihnen das bei der Abarbeitung Ihrer Namenliste. Doch Achtung: Konzentrieren Sie sich nicht ausschließlich darauf, Ihre Liste abzuhaken; konzentrieren Sie sich darauf, wie die Erledigung Ihrer Anrufe Sie zu einem Verkaufsabschluss führt. Verwechseln Sie Aktivität (Anrufe tätigen) nicht mit Produktivität (Abschlüsse machen).

»Wir machen sehr viel Kaltakquise und es kommt mir komisch vor, einen Fremden anzurufen und mit ihm über die wichtigsten und persönlichsten Aspekte seines Lebens zu sprechen, nämlich seinen Investitionsplan«, sagte ein Vertreter für Finanzdienstleistungen in seinem ersten Berufsjahr. »Aber wir haben den StrengthsFinder gemacht und mein Verkaufsleiter hat sich mit mir hingesetzt und mir gezeigt, wie ich meine Stärken einsetzen kann. Bedeutsamkeit – es spielt keine Rolle, ob ich mit diesen Leuten schon einmal gesprochen habe oder nicht, weil mein Produkt mich zu einem bedeutenden Teil ihres Lebens *macht*. Die Stärke des Ideensammlers – Mann, ich kann gar nicht genug über sie erfahren, und die Kaltakquise ist mein Mittel zum Zweck. Und an den Tagen, wo mich das alles nicht motivieren kann, mache ich es einfach, um überhaupt was zu machen. Ich verdiene vielleicht kein Geld, aber ich arbeite etwas ab und das ist wenigstens ein Anfang.«

Kurz gefasst: Alle Talentthemen sind auf die verschiedensten Arten für die verschiedensten Menschen von Nutzen. Jedes Talentthema ist wertvoll bei der Kundengewinnung, denn sie alle können verwendet werden, um tiefer gehende Beziehungen zu entwickeln, ein Begriff, den wir in Kapitel 10 näher definieren werden. Abgesehen von der Nutzung Ihrer natürlichen Talente für die Kundengewinnung können Sie auch Ihre Effektivität messen und verschiedene Techniken der Erfolgssteigerung anwenden.

Messen, messen, messen

Eine der Binsenweisheiten des Geschäftslebens lautet: Was man nicht messen kann, kriegt man nicht in den Griff. Eine gute Methode, um zu messen, wie effektiv Sie bei der Kundengewinnung sind, besteht darin, Ihre ein- und ausgehenden Telefonate, die Anzahl Ihrer Gesprächspartner und die Ergebnisse Ihrer Gespräche nachzuhalten. Ihr ultimatives Ziel ist der Verkauf, aber Ihr kurzfristiger Erfolg bei der Kundengewinnung ist es, einen Termin zu bekommen. Nehmen wir Telefongespräche als Beispiel und schauen wir uns an, wie Sie anhand eines Tätigkeitsprotokolls Ihre Erfolgsquote abschätzen können.

Machen Sie es sich leicht und führen Sie nur Erstgespräche oder Kaltakquise-Anrufe auf. Wenn Sie an der Kundengewinnung arbeiten, machen Sie sich jedes Mal eine Notiz, sobald Sie den Hörer in die Hand nehmen und wählen (siehe »Muster für ein Tätigkeitsprotokoll«). Ob Sie an einen Anrufbeantworter geraten oder an ein tatsächliches menschliches Wesen, für jeden Telefonanruf dürfen Sie sich einen Strich in die Spalte »Ausgehende Gespräche« Ihres Tätigkeitsprotokolls machen. In der Spalte »Kontakte« vermerken Sie die Anrufe, die zu einem Gespräch mit jemandem geführt haben. Sie brauchen für diese Übung die Qualität der Gespräche nicht zu bewerten. Es kommt nur darauf an, dass ein verbaler Austausch stattgefunden hat.

Nach Ablauf von zwei oder drei Wochen berechnen Sie Ihre *Kontaktquote:* die Anzahl der von Ihnen hergestellten Kontakte geteilt durch die Gesamtzahl der Anrufe, die Sie in diesem Zeitrahmen getätigt haben. Diese Zahl ergibt die Erfolgsquote Ihrer Kaltakquise-Telefonate. Das hilft Ihnen zu erkennen, ob Sie häufig Anrufe machen, die nicht zu Gesprächen führen. Falls dies der Fall ist, sollten Sie vielleicht zu anderen Tageszeiten telefonieren. Oder vielleicht ist Ihre Telefonliste nicht gut oder Sie müssen an den Nachrichten arbeiten, die Sie auf Mailboxen hinterlassen.

Wenn Sie mehr Erfolg im Verkauf haben wollen, müssen Sie auch Ihre Zahlen verbessern – die Anzahl Ihrer Telefonate erhöhen, den Erfolg bei der Kontaktaufnahme vergrößern und Ihre Kontaktquote verbessern. Um Ihre Effektivität noch weiter zu verstärken, zeichnen Sie die Anzahl der Gespräche auf, die aus Ihren Kontakten hervorgeht, und vergleichen Sie sie mit Ihrer Kontaktquote. Sie können Ihre *Gesprächsquote* errechnen, indem Sie die Anzahl der Gespräche durch die Zahl der hergestellten Kontakte teilen. Der Vergleich Ihrer Gesprächs- mit Ihrer Kontaktquote zeigt Ihnen, wie effektiv Sie bei der Kaltakquise sind.

Muster für ein Tätigkeitsprotokoll

	Ausgehende Anrufe (wie oft Sie den Hörer abnehmen und wählen)	Kontakte (Personen, mit denen Sie gesprochen haben)	Gespräche (Personen, denen Sie Ihr Produkt oder Ihre Dienstleistung vorgestellt haben)
Montag	15	4	1
Mittwoch	12	3	2
Freitag	19	8	4
Montag	9	7	3

Mittwoch	16	5	2
Freitag	15	3	1
Montag	18	8	3
Mittwoch	13	6	2
Freitag	6	3	1
Gesamt	123	47	19

Kontaktquote: 47 Kontakte geteilt durch 123 Gespräche = 38 Prozent

Gesprächsquote: 19 Gespräche geteilt durch 47 Kontakte = 40 Prozent

Wie hoch ist Ihre Punktzahl? Wird sie besser, bleibt sie gleich oder geht sie zurück? Viele Verkaufsprofis sind der Meinung, dass der einfache Vorgang des Punktezählens ihnen dabei hilft, Aufgaben zu bewältigen, vor denen sie ansonsten zurückschrecken würden. Um Ihre Kontakt- oder Ihre Gesprächsquote zu verbessern, sollten Sie einige der Techniken in Betracht ziehen, die wir im Folgenden vorstellen.

Entscheiden Sie, wen Sie anrufen. Der erste Schritt zur Verbesserung Ihrer Erfolgsaussichten ist, die richtigen Zielpersonen für einen Anruf ausfindig zu machen. »Machen Sie als Erstes Ihre Recherchen. Das kann ich nicht genug betonen«, sagte ein Vertreter. »Sie müssen wissen, wer die Entscheidungen trifft, denn der Entscheidungsträger in einer Organisation kann möglicherweise das Geschäft zu Ihren Gunsten abschließen – oder zu denen eines anderen, was das anbelangt.« Sie sparen Zeit und steigern Ihre Abschlüsse, wenn Sie von Anfang an die richtigen Personen anvisieren.

Überwinden Sie den Widerstand. Egal wo ihre Talentschwerpunkte liegen, die meisten Verkäufer müssen auf die eine oder andere Weise den Widerstand gegen das Telefonieren überwinden. Das ist verständlich. Wenn Sie den Hörer in die Hand nehmen, wissen

Sie nicht, was Sie erwartet. Ehe Sie eine Tür zum ersten Mal öffnen, wissen Sie nicht, wo Sie hineingehen. Vielleicht werden Sie abgewiesen, was letztlich sogar die dickfelligsten Vertreter berührt.

Zunächst einmal sollten Sie den Widerstand gegen Telefonate als das erkennen, was er ist, und dann untersuchen, warum Sie ihn empfinden. Denken Sie an die Talente, Fähigkeiten und Kenntnisse, die Sie zu seiner Überwindung mitbringen, und üben Sie Methoden ein, um ihn zu bewältigen. Am Ende müssen Sie über den Widerstand gegen das Telefonieren oder das Öffnen der Tür hinaus sein. Eine kluge Methode, dies zu erreichen, ist die Zusammenstellung eines Fähigkeiten-Instrumentariums, zum Beispiel wie man an Sekretärinnen vorbeikommt oder einer Kaltakquise mehr Wärme verleiht. Sie müssen auch Ihre Hausaufgaben machen, damit Sie über ein wohldurchdachtes und angemessenes Wertangebot verfügen.

Schaffen Sie ein Wertangebot. Verkaufsanfänger haben oft Telefonangst, weil sie nicht wissen, wie sie reagieren sollen, wenn ein tatsächlicher lebendiger Interessent das Gespräch entgegennimmt. Überraschenderweise ist dies auch bei erfahreneren Vertretern keine Seltenheit. Alle Verkäufer – ob Anfänger oder Fortgeschrittene – können Telefonangst überwinden, indem sie die Vermittlung eines Wertangebots schaffen und einstudieren. »Sie brauchen irgendeinen Aufhänger am Anfang, der wirklich gerechtfertigt und nicht manipulativ ist«, sagte Geoff Nyheim, ein erfolgreicher Verkaufsveteran und Vice President bei Microsoft Online Services. »Sie greifen nicht einfach zum Hörer, was so viele sich unter Kaltakquise vorstellen. Sie bereiten etwas vor. Sie vermitteln eine Botschaft.«

Ungeachtet Ihres Verkaufsstils soll die Kundenakquise Interesse erzeugen und Ihre Angebote von anderen abheben. Ein Wertangebot erfüllt diese Bedingungen. Um ein effektives Wertangebot zu schaffen, beantworten Sie diese Fragen:

➤ Wie kann Ihr Produkt/Ihre Dienstleistung dem Interessenten dabei helfen, ein Problem zu lösen, die Qualität zu erhöhen oder den Umsatz zu steigern?

➤ Wie kann es der Firma des Interessenten helfen, effektiver zu arbeiten oder die Kosten zu senken?

➤ Wie kann es dem Interessenten helfen, bei seinen Kunden größere Wirkung zu erzielen?

Einfach gesagt, beantworten Sie vor der Kontaktaufnahme die Frage: »Was ist für mich drin?« aus der Perspektive des Interessenten. Dann sind Sie bereit, zu beweisen, dass das Produkt oder die Dienstleistung Ihres Unternehmens genau das leisten kann, was Ihr Interessent braucht. Indem Sie Ihr Verkaufsgespräch entwickeln und üben, wachsen Ihr Selbstvertrauen und Ihre Effektivität. Und Ihr Ansatz erhält seine Berechtigung. Verfassen Sie Ihr Wertangebot unbedingt schriftlich, überarbeiten Sie es und überarbeiten Sie es noch einmal, sodass es Biss hat und natürlich klingt. Und dann heißt es üben, üben, üben.

Lernen Sie, am »Vorzimmerdrachen« vorbeizukommen. Ein hervorragender Kaltakquise-Profi, den wir kennen, hatte den vielleicht besten Ratschlag, um an »Vorzimmerdrachen« vorbeizukommen: Stellen Sie sich sie oder ihn nicht als Drachen vor. Diese administrativen Mitarbeiter, die zwischen Ihnen und dem Interessenten stehen, müssen keine Hindernisse sein. Sie können zu Fürsprechern und Förderern werden. Nutzen Sie Ihre Talente, um beim Verkaufsabschluss ihre Hilfe in Anspruch zu nehmen.

Eine Außendienstlerin, mit der wir sprachen, war früher selbst Sekretärin, was ihr eine einzigartige Sichtweise verleiht. »Manchmal haben sich die Vertreter bei mir eingeschleimt und manchmal haben sie mich ignoriert«, sagte sie. »Aber diejenigen, die an mir vorbeikamen, waren jene, die mich überzeugt hatten, dass sie für meinen Chef von Bedeutung sein könnten. Daran denke ich jedes Mal, wenn ich Kaltakquise mache.«

Nun wo sie selbst Vertreterin ist, nimmt sie sich Zeit, die Sekretärin kennenzulernen, und sie ruft niemals ohne guten Grund an. »Ich setze ein, was ich aus meinen Recherchen erfahren habe, wenn ich mit den Sekretärinnen spreche«, sagte sie. »Zum Beispiel arbeite ich mit Autohandelsketten zusammen. Als die Regierung damals die Abwrackprämie einführte, hängte ich mich sofort ans Telefon und erzählte allen Sekretärinnen, dass ich mit ihren Chefs sprechen müsste, bevor die Vergünstigung auslief.« Das vermittelte den Vorzimmerdamen ein Gefühl der Dringlichkeit, das sie ihren Vorgesetzten weiterleiteten.

Denken Sie daran, die Aufgabe der Sekretärinnen besteht zum Teil auch darin, ihren Chefs bei der optimalen Ausnutzung ihrer Zeit zu helfen. Ihre Aufgabe ist es, diese Sekretärinnen davon zu überzeugen, dass ein Gespräch mit Ihnen zum Besten gehört, was ihre Chefs tun können. Vorzimmerdrachen können zu Ihren Fürsprechern werden, wenn Sie sie genauso behandeln, wie Sie einen Interessenten behandeln würden. Sie brauchen also ein Verkaufsgespräch – kürzer und knackiger –, das genau auf sie zugeschnitten ist.

»In dieser Branche trifft man sich im Allgemeinen nicht gleich als Erstes mit der Chefetage«, sagte Rita Robison, Senior Vice President bei Jones Lang LaSalle, einem internationalen Immobilienunternehmen. »Man spricht mit Menschen, die zwar mit eingebunden, aber keine wirklichen Entscheidungsträger sind. Je früher Sie das in Ihrer Laufbahn begreifen, desto besser. Trotzdem kann es gut sein, dass Sie den Respekt dieser Leute, die Termine mit Ihnen wahrnehmen, unbedingt brauchen, weil sie diejenigen sind, die anschließend dem Finanzchef oder dem CEO von Ihnen erzählen.«

Legen Sie den Preis fest. In den meisten Fällen ist ein Kundengewinnungstermin nicht der richtige Zeitpunkt, um über den Preis zu reden – Sie wollen ja einen Wert verkaufen. Trotzdem möchte Ihr Interessent vielleicht einen Blick auf das Preisschild werfen, ehe er die Unterhaltung mit Ihnen fortsetzt. Überlegen Sie sich, was Sie sagen. Viele Verkäufer halten den Ball an diesem Punkt des Gesprächs bewusst flach und gehen davon aus, dass sie den Preis später immer noch hochschrauben können. Häufig trifft das Gegenteil zu. Unwissentlich legen sie den Preis fest. Und es ist nicht der, den sie eigentlich ansetzen wollten.

Diesen Vorgang bezeichnet man als »Verankerung«. Im Jahre 2002 erhielt Daniel Kahneman, Professor für Psychologie an der Universität Princeton, den Nobelpreis für Wirtschaftswissenschaften (obwohl er kein Ökonom, sondern Psychologe ist), weil er psychologische Erkenntnisse in die Wirtschaftswissenschaften einbaute. Seine Forschung dreht sich um die Frage, wie Menschen Entscheidungen treffen. Kahneman testete verschiedene Situationen und entdeckte, dass der Mensch dazu neigt, nach einem festgesetzten Preis – dem Anker – zu suchen und diesen unbewusst zu akzeptieren, im Allgemeinen den zuerst genannten Preis. Bei Verkaufsgesprächen nutzen die Kunden diesen Anker als Mittelwert, um nach oben oder nach unten zu verhandeln. In welche Richtung die Unterhaltung auch gehen mag, der Interessent hat immer den Anker im Hinterkopf.

Nennen Sie also immer den höchsten vertretbaren Preis, wenn das Preisgespräch beginnt, denn dieser wird zum Anker. Wenn nötig, senken Sie ihn im Laufe der Verhandlung. Wenn Sie mit Ihrem höchsten Preis beginnen und sich dann herunterhandeln lassen, wird der Kunde sich, egal wie der Endpreis lautet, an den Ankerpreis erinnern und den Eindruck gewinnen, dass er Geld gespart hat.

Erwärmen Sie die Kaltakquise. Manchmal ist Kundengewinnung gleichbedeutend mit Kaltakquise und jede Kaltakquise beginnt mit einer Einführung. Sie nennen Ihren Namen, Ihre Firma und sagen, was Sie verkaufen und warum. Wenn Sie das erst einmal erledigt haben, ist die Kaltakquise schon gar nicht mehr so kalt. Aber Sie müssen diese Einführung nicht selbst vornehmen. Sie können sich auch durch einen Brief oder eine E-Mail in die Welt des Kunden einbringen. Ein gutes Einführungsschreiben zum Beispiel sollte auf den Kunden zugeschnitten sein, auf den Recherchen beruhen, die Sie über das Unternehmen vorgenommen haben, einen überzeugenden Business-Case vorlegen und ein fundiertes Wertangebot enthalten.

Das Einführungsschreiben sollte ungefähr so lauten:

Sehr geehrte(r) [Name],

vor einigen Jahren standen mein Unternehmen und XYZ schon einmal in Verhandlungen über eine potenzielle Partnerschaft. Seither sind wir kontinuierlich gewachsen und verfügen über eine wachsende Anzahl an Geschäftskontakten in Ihrer Branche.

Als neuer Regionalverkaufsleiter habe ich noch einmal einige unserer zurückliegenden Geschäftsmöglichkeiten in Ihrer Branche betrachtet und stieß dabei auf Ihre Kommentare in einem Jahresabschlussbericht – seinerzeit Ihr erster bei XYZ. Ihr Engagement für die betriebliche Effizienz und Ihr Bestreben, XYZ zu einem Weltklasseunternehmen zu machen, haben mich beeindruckt. Viele Firmen legen ein Lippenbekenntnis zur Effizienzsteigerung ab, doch Ihnen scheint es damit wirklich ernst zu sein.

Mein Unternehmen konnte vielen Ihrer Mitbewerber dabei behilflich sein, ihre finanziellen Ergebnisse zu verbessern. Tatsächlich ist unser geschäftlicher Einfluss in diesem Bereich beispiellos.

Ich weiß, dass wir Ihre Bestrebungen, XYZ zu differenzieren und in Ihrer Branche ganz groß herauszukommen, unterstützen und beschleunigen können. Eine Partnerschaft mit uns könnte Ihnen dabei helfen, Ihr Ziel eines 10-prozentigen jährlichen Wachstums der Anteilsgewinne zu erreichen.

Ihrem Vice President lasse ich diese Information ebenfalls zukommen. Bitte teilen Sie mir mit, wie Sie darüber denken – und wann wir uns ausführlicher unterhalten können.

Mit freundlichen Grüßen

Und dann gibt es noch den Ansatz von Steve Sieck, einem Verkaufsleiter bei Pfizer. Zu seinen fünf ausgeprägtesten Talentthemen gehören *Kontaktfreudigkeit* und *Kommunikationsfähigkeit*, was bei der Kaltakquise eigentlich Wunder wirken sollte, doch bei einem Interessenten ließen sie ihn im Stich, als er sie telefonisch anzuwenden versuchte. Also setzte er sie stattdessen in einem Überzeugungsschreiben ein. »Dieser Arzt arbeitete in einer Firma, die besonders gut darin war, Vertreter abzuwimmeln, und das machte mich fix und fertig«, sagte Steve. »Also habe ich ihm schließlich einen Brief mit einem Foto von mir und meiner Familie geschickt. Ich schrieb: ›Dies ist meine Familie. Ich bin sehr stolz darauf, für Pfizer zu arbeiten. Ich bin stolz darauf, diese Produkte zu vertreten. Es ist mein Beruf, mit Ihnen zu sprechen, deshalb hoffe ich, dass Sie mich anrufen und mir einen Termin geben.‹ Und nun raten Sie mal, was er gemacht hat? Er hat sich mit mir getroffen.«

Wenn Sie den Brief abgeschickt haben, hat Ihre Arbeit gerade erst angefangen. Sie können nicht davon ausgehen, dass Ihr Interessent den Brief erhalten hat – oder, falls doch, dass er ihn gelesen hat. Sie müssen Reaktionen auf beide Situationen vorbereiten, wenn Sie einen telefonischen oder persönlichen Nachfasskontakt herstellen. Hat Ihr Interessent den Brief nicht gelesen, sollten Sie in der Lage sein, ihn unter Einflechtung eines knackigen Wertangebots zusammenzufassen. Hat Ihr Interessent den Brief gelesen, schätzen Sie sein Interesse ab und machen Sie die nächsten Schritte – weitere Informationen vermitteln, einen Termin anbieten oder andere angemessene Folgemaßnahmen.

Das Aufwärmen der Kaltakquise mit einem Brief kann Ihre Erfolgschancen erhöhen. Wenn Sie persönlich nachfassen, zeigen Sie dem Interessenten, dass Sie am Ball bleiben. Auf diese Weise hatte der Interessent die Möglichkeit, Ihr Produkt oder Ihre Dienstleistung in Betracht zu ziehen. Das erspart Ihnen Zeit und Mühe – und erhöht Ihre Aussichten auf einen Gesprächstermin.

Angewandte Stärken: Kundengewinnung

Im Folgenden stellen wir Ihnen einige Ideen vor, wie man unter Einsatz bestimmter Talentthemen Kunden gewinnt. Besinnen Sie sich jetzt auf Ihre Talente und Stärken und lassen Sie sich ein paar Möglichkeiten einfallen, wie Sie Kaltakquise und Kundengewinnung anhand Ihrer eigenen fünf stärksten Talentthemen verbessern können.

1. Beispiel: *Überzeugung*
   Sie müssen von dem überzeugt sein, was Sie verkaufen. Suchen Sie Gründe, warum es von Bedeutung ist, was Sie verkaufen. Wie kann es das Leben Ihrer Kunden verbessern? Bedenken Sie auch, wie erfolgreiche Kaltakquise das Leben derjenigen Menschen verbessert, die Ihnen am meisten bedeuten.

2. Beispiel: *Analytisch*
   Nehmen Sie sich die Zeit, die beherrschenden Merkmale dessen herauszuarbeiten, was Sie verkaufen. Lernen Sie Ihr Produkt oder Ihre Dienstleistung besser kennen als jeder andere. Ihre eigenen Erkenntnisse über das, was Sie verkaufen, helfen Ihnen, zu verstehen, wie Sie anderen durch die Kaltakquise nutzen können. Sorgen Sie dafür, dass Sie die zunehmende Erfahrung der Bedeutsamkeit Ihres Produkts auf die Situation des Interessenten anwenden.

3. Beispiel: *Arrangeur*
   Organisieren Sie Ihren Akquiseansatz so, dass er Ihre Energie bewahrt. Führen Sie während der Kaltakquise andere Tätigkeiten durch, die Sie nicht ablenken, aber Ihren Geist aktiv halten: Sortieren Sie Akten oder machen Sie sich Notizen. Der Arrangeur will häufig mehrere Dinge gleichzeitig tun.

4. Beispiel: *Bedeutsamkeit*
   Betrachten Sie Ihre Kaltakquise als große Errungenschaft. Konzentrieren Sie sich darauf, wie die erfolgreiche Kaltakquise Sie letztlich von denen unterscheiden wird, die nicht damit umgehen können. Setzen Sie sich das anspruchsvolle Ziel, Menschen zu kontaktieren, an die andere nicht herankommen. Und wenn Sie es geschafft haben, teilen Sie einem Ihnen nahestehenden Menschen Ihre Errungenschaft mit.

5. Beispiel: *Integrationsbestreben*
   Sehen Sie die Kaltakquise als Methode, anderen eine Chance zu bieten, von der sie bisher ausgeschlossen waren. Machen Sie sich bewusst, dass diese Leute ohne den Kontakt zu Ihnen nicht an

die Informationen und Beziehungen herankämen, die Sie ihnen geben. Denken Sie auch über das »Wer kennt wen« im Unternehmen des Interessenten nach.

4

Gelegenheiten erkennen

Die zentralen Punkte dieses Kapitels

➤ Wenn Sie beim Einschätzen von Chancen Ihre Talente und Stärken möglichst effektiv zum Einsatz bringen, lernen Sie, Ihre Erfolgsaussichten zu bestimmen – und zu erhöhen.

➤ Es verbessert Ihre Chancen, wenn Sie dauerhafte Beziehungen zu den Menschen knüpfen, welche wiederum die Interessenten beeinflussen können, mit denen Sie in Kontakt kommen wollen.

➤ Ein paar grundlegende Richtlinien sind: mit der richtigen Person sprechen, Ihre Erfolgsaussichten einschätzen, Kaufsignale erkennen, sanfte Abschlüsse beherrschen, die Konkurrenz einschätzen, den Entscheidungsprozess des Kunden kennenlernen, die Wechselkosten des Kunden berechnen und die Kundenkultur begreifen.

➤ Zum Erfolg gehört es auch, ein schlechtes Geschäft zu erkennen und zu wissen, wann man besser geht.

Die Gallup-Forscher haben in den vergangenen vier Jahrzehnten Umfragen bei Zielgruppen mit hervorragenden Verkäuferpersönlichkeiten durchgeführt und dabei viele erhellende Beobachtungen über das Verkaufen mitgeteilt bekommen. Ein solches Juwel wurde uns erzählt, als wir eine Gruppe von Top-Kundenbetreuern bei einem der weltweit führenden Softwareunternehmen untersuchten. Diese Firma stellt offensichtlich vielversprechende Verkaufsprofis ein – und doch können einige die an sie gestellten Erwartungen nicht erfüllen. Warum ist das so? Wir fragten die sieben Kundenbetreuer, warum gute Leute in diesem Unternehmen scheitern. »Das liegt daran, dass diese Vertreter den falschen Gelegenheiten hinterherjagen«, sagte einer der Verkäufer, begleitet vom Nicken der anderen. »Man hat nur einen bestimmten Zeitrahmen. Man muss wissen, wenn es sich einfach nicht lohnt, etwas weiterzuverfolgen. Manche Leute wissen nicht, wann sie abspringen müssen.«

Die Wissenschaftler bohrten nach und fragten die Führungskräfte, woher sie denn wüssten, wann es Zeit zum Gehen sei. Die Gruppenmitglieder beschrieben eine angeborene Fähigkeit, Gelegenheiten leidenschaftslos zu betrachten und die Erfolgsaussichten zu berechnen. Sie sagten, dass viele erfolglose Verkäufer nicht nur daran scheiterten, sondern auch den falschen Gelegenheiten hinterherjagten, dadurch maßgebliche Kosten verursachten und Zeit und Ressourcen verschwendeten, die an anderer Stelle besser investiert wären.

Sie hatten in jedem Punkt recht. In vielen Verkaufsbereichen vergeudet man wertvolle Zeit, wenn man sich darauf konzentriert, das Produkt auf den Kunden abzustimmen, anstatt seine allgemeinen Verkaufschancen einzuschätzen. »Neulich bin ich bei einem Interessenten abgesprungen. Das war ein gewaltiges Risiko, aber ich hatte einfach nicht das Gefühl, dass er emotional so stark involviert war, wie es für den Deal nötig gewesen wäre«, erzählte uns einer der Vertreter. »Das war eine sehr einschneidende Entscheidung, für die man entlassen werden könnte. Aber ich hatte einfach nicht das Gefühl, dass er emotional involviert war.«

Gelegenheiten einschätzen

Verkäufer müssen in der Lage sein, Interessenten einzuschätzen und zu entscheiden, bei wem sich ein Nachfassen lohnt. Das klingt nach einem grundlegenden Rechercheprojekt. Und genau das ist es auch. Aber gehen Sie nicht davon aus, dass es nur eine Möglichkeit der Interessentenanalyse gibt. Sämtliche Talente und Stärken können dabei von Nutzen sein und es wird Ihnen leichter fallen, Gelegenheiten einzuschätzen, wenn Sie Ihre speziellen Talente für diese Aufgabe einsetzen. Manche Vertreter berechnen vielleicht die Finanz- und Aktienentwicklung des Interessenten, während andere einen ganz anderen Ansatz wählen.

Sollten zu Ihren fünf stärksten Talentthemen beispielsweise *Selbstbewusstsein*, *Autorität* oder *Tatkraft* zählen, dann können Sie Menschen dazu bringen, aktiv zu werden. Wenn Sie diese Talente in Ihre Verkaufsaktivitäten einfließen lassen, sind Sie vermutlich der Typ, der die Dinge anpackt, und das ist prima. Aber die Notwendigkeit, irgendwo anzufangen oder aktiv zu werden, könnte Ihnen den Blick auf die Fallstricke verstellen, die mit einem Interessenten verbunden sind. Lassen Sie also nicht diese Talente allein den Einschätzungsprozess bestimmen. Wenden Sie sie stattdessen während des Prozesses an, um echte Chancen herauszufinden und sich und Ihrem Team die Motivation zu bewahren.

Wenn Sie über starke *Bindungsfähigkeit* verfügen, können Sie nach Möglichkeiten suchen, um Beziehungen zu pflegen und über längere Zeit aufrechtzuerhalten. Sie können die Interessenten nach ihrem Team, ihren Kunden und auch nach ihrer Familie fragen. Vielleicht nehmen Sie sogar wahr, wie viel eine Assistentin der Geschäftsleitung über ihr Privatleben berichtet und ob die Mitglieder eines Teams regelmäßig gemeinsam zu Mittag essen oder nicht. Diese wichtigen emotionalen Einblicke ermöglichen es Ihnen, Ihr Bindungsfähigkeitstalent zu nutzen, um bedeutsame Beziehungen zu pflegen.

Gefühle spielen eine Schlüsselrolle bei der Entscheidungsfindung. Verkäufer, die das Talent besitzen, unterschwellige emotionale Aspekte eines potenziellen Verkaufsvorgangs zu erspüren, wissen Interessenten einzuschätzen und zu einer Entscheidung zu bringen. Wenn Sie ein starkes *Einfühlungsvermögen* oder eine ausgeprägte *Einzelwahrnehmung* besitzen, sind Sie wahrscheinlich sehr gut darin, die emotionalen Bedürfnisse eines Interessenten zu erkennen – im Grunde also den Kaufstil des Kunden. Diesen Kaufstil zu kennen verschafft Ihnen einen Vorteil. Sie können Hinweise nutzen, die anderen entgehen.

»Man muss wissen, was man genau machen will, welche Schritte dahin führen und wer sie gehen muss«, sagte Rita Robison von Jones Lang LaSalle, zu deren fünf stärksten Talentthemen *Ideensammler* und *Wissbegier* zählen. »Ich verwende ständig die Ressourcen rund um mich herum und das ist etwas, das ich vielen der jüngsten Vertreter beibringen muss – aufstehen, hinuntergehen und fragen: ›Wie teuer ist der Gipskarton heute pro Quadratmeter?‹ Fragen wir die Hausverwaltung, fragen wir die Jungs im Verkauf. Fragen wir die Finanzabteilung, finden wir es heraus.« Das ist genau das, was man von jemandem mit *Ideensammler*- und *Wissbegier*-Stärken zu hören erwartet, und Rita nutzt beides, um ihre Chancen zu ergründen. Sie zeigt, wie Neugier dazu führt, dass man die richtigen Fragen stellt.

Die Bewertung von Chancen durch das Einholen von Informationen hilft Ihnen dabei, Situationen klar zu erkennen. »Wenn ich Leute zum ersten Mal sehe, versuche ich, mit ihnen zu interagieren. Ich versuche, hauptsächlich sie reden zu lassen; ich hole Informationen ein«, sagte Ron Barczak, Verkäufer im Außendienst bei Stryker. »Ich bin nicht so der Typ, der reinkommt und versucht, andere mit seiner strahlenden Persönlichkeit zu beeindrucken. Ich möchte herausfinden, was sie tun. Ich nehme diese Information und mache einen Schlachtplan daraus und versuche, ihnen ein paar hilfreiche Lösungen anzubieten. Vielleicht kann ich ihnen helfen, ein bisschen Geld zu sparen oder irgendetwas effizienter oder einfacher zu erledigen. Es geht darum, einen Schlachtplan zu entwickeln, wie wir zusammenarbeiten könnten – oder ob wir überhaupt zusammenarbeiten *wollen*.« Falls es nicht gerade Ihre Stärke ist, das Tempo zu verlangsamen, um Recherchen vorzunehmen und sich eine Perspektive zu verschaffen, wäre es vielleicht gut, eine ergänzende Partnerschaft mit jemandem einzugehen, der darin besonders gut ist. Nutzen Sie diese Partner als Resonanzverstärker, um Ihre Erfolgsaussichten zu berechnen. (Mehr über ergänzende Partnerschaften erfahren Sie im Anhang.)

Beziehungen aufbauen

Es ist ein taktischer Vorteil, zu wissen, wie man seine Talente zum Abschätzen von Chancen einsetzt. Doch das Einschätzen von Gelegenheiten erfordert auch Wissen und eine solide Ausbildung. Für Sie als Vertreter ist es entscheidend, den Unterschied zu erkennen zwischen einer echten Verkaufschance und einer Adresse, bei der Sie einen Termin bekommen.

In manchen Verkaufsorganisationen ist die Anzahl der Termine, die ein Vertreter bekommt, ein wichtiger Bestandteil der Leistungseinschätzung. Vielleicht gibt es sogar eine Vorgabe für die »Anzahl der geplanten Kundenbesuche« oder die »aufgesuchten Kunden«. Solche Bewertungen hängen mit dem Zahlenspiel zusammen. Und ja, je mehr Termine Sie bekommen, umso wahrscheinlicher ist es, dass Sie zum Entscheidungsträger vordringen; mit umso mehr Entscheidungsträgern treffen Sie sich und umso mehr Verkaufsabschlüsse machen Sie.

Sagen Sie Ihre Erfolgschancen voraus. Schätzen Sie realistisch ein, wie hoch die Wahrscheinlichkeit ist, dass Ihr Interessent ein Volltreffer ist. Formuliert er das Bedürfnis nach Ihren Produkten oder Dienstleistungen? Ist dieses Bedürfnis groß genug, dass er bereit ist, Ihren Preis zu bezahlen? Hat ein Mitbewerber bereits seinen Fuß in der Tür des Interessenten? Sie sollten viele Faktoren berücksichtigen. Wenn Sie mit der Stärke *Analytisch* oder *Strategie* arbeiten, tun Sie das wahrscheinlich instinktiv. Falls nicht, sprechen Sie mit Ihrem Vorgesetzten und mit Kollegen über Ihre Chancen und lassen Sie sie Ihre Erfolgsaussichten abwägen. Wenn die Chance bei 10 Prozent liegt, verdient dieser Interessent auch nur 10 Prozent der

Zeit, die Sie im Unternehmen in dieses Stadium des Verkaufsprozesses investieren. Liegen die Chancen bei 90 Prozent, geben Sie alles, denn dann können Sie bald einen Abschluss erzielen und sich dann um neue Interessenten kümmern.

Erkennen Sie Kaufsignale. »Ich hatte einen Kollegen, einen jungen Verkäufer, der sich sehr gut auskannte, er war einfach unglaublich. Und er marschierte im Eiltempo durch diesen ganzen Verkaufsablauf«, sagte ein Verkaufsleiter aus der Energiebranche. »Endlich machte er eine Pause, ich schaute den Einkäufer an und er war bereit. Das sah man! Und verflucht noch mal, da startete unser Verkäufer durch an und fing noch einmal an zu verkaufen. Er kam auf etwas anderes zu sprechen, das wir noch tun könnten. Als er das zweite Mal pausierte, guckte ich wieder den Einkäufer an und konnte sehen, dass er ungeduldig wurde. Der Verkäufer blätterte immer noch durch irgendwelche Papiere und mir war klar, dass er gleich noch einmal ansetzen würde. Deshalb schaltete ich mich ein und sagte: ›Brauchen wir ein Auftragsformular für Ihre Firma?‹ Und der Einkäufer sagte: ›Ja, brauchen Sie. Ich werde Ihnen eins besorgen.‹ Als wir hinausgingen, sagte ich zu dem jungen Verkäufer: ›Es ist schön, wenn Sie sich so gut auskennen in Ihrem Job, aber irgendwann müssen Sie sie auch einmal kaufen lassen.‹«

Erkennen Sie weiche Abschlüsse. Weiche Abschlüsse sind für alle am angenehmsten. Denn bei einem weichen Abschluss wird der Verkauf niemals erbeten – er ist einfach unvermeidlich. »Ich habe etwas, das ich einen impliziten Abschluss nenne. Ich frage nie nach dem Auftrag«, sagte Ron Barczak von Stryker. »Wenn ich während des Verkaufsprozesses alles richtig gemacht und die Informationen, die Optionen und den Zeitrahmen mitgeteilt habe, die für den Kauf notwendig sind, steckt mein Abschluss während der gesamten Interaktion da mit drin. Es braucht also keinen magischen Augenblick, in dem ich nach dem Auftrag frage. Man bringt das Ganze bis zu einem bestimmten Punkt, wo es einfach sozusagen fließt.«

Machen Sie weiche Abschlüsse, wenn Sie eine fortgesetzte Beziehung mit dem Kunden unterhalten oder wenn Ihr Kunde nicht erwägt, einen Ihrer Konkurrenten zu beauftragen, und dies auch momentan nicht tut. Machen Sie harte Abschlüsse, wenn eine Frist gesetzt ist, zum Beispiel ein auslaufendes Budget, oder wenn Sie einen Mitbewerber ausstechen oder ersetzen wollen. Aber wägen Sie die Lage sorgfältig ab, ehe Sie einen harten Abschluss anvisieren: Sollte ein Bereich des Unternehmens die Chance auf eine kreative Partnerschaft mit dem Kunden bergen, könnte das Drängen auf einen Abschluss Ihnen tatsächlich ein geringeres Geschäft einbringen, als Sie mit einem langsameren, behutsameren Vorgehen hätten erzielen können.

Schätzen Sie ein, wo Sie im Vergleich zu Ihren Mitbewerbern stehen. Dieser Teil des Vorgangs erfordert grundlegende Recherchen, damit Sie ein Arbeitswissen über Ihre Konkurrenz erlangen. Lesen Sie ihre Websites. Ihre Mitbewerber haben sie in letzter Zeit vermutlich nicht gelesen – und wann haben Sie sich zuletzt die Website *Ihrer* Firma angeschaut? Sprechen Sie mit Leuten, die für die Konkurrenz gearbeitet haben. Sprechen Sie mit Ihren Kunden, die mit ihnen Geschäfte gemacht haben. Fragen Sie Ihre Kunden: »Arbeiten Sie in diesem Bereich mit jemand anderem zusammen? Wie läuft das so für Sie?« Das ermöglicht Ihnen eine solidere Einordnung Ihres Angebots im Vergleich zum Mitbewerb.

Ihr Ziel sollte es sein, einen tiefen Einblick in Ihre Konkurrenten zu erhalten, der Sie über deren Werbeversprechen hinaus zu einer direkten Kundenbeziehung bringt. Das ist wichtig: Oberflächlich betrachtet bieten Ihre Mitbewerber vielleicht dasselbe an wie Sie. Aber wenn Sie genauer hinsehen – und mit den Kunden der Mitbewerber über ihre Erfahrungen mit diesen sprechen –, werden Sie Bereiche finden, in denen Sie Ihre Botschaft differenzieren können. Nutzen Sie sie. Auf diese Weise können Sie beim Erstellen Ihres Wertangebots etwas Besonderes für den Kunden anbieten – und etwas Besseres als die Konkurrenz.

Lernen Sie den Entscheidungsprozess des Kunden kennen. Beim Verkauf teurer Produkte investieren Sie einen beträchtlichen Anteil der Zeit und der Ressourcen Ihrer Firma in einen Deal. Zu wissen, wie Entscheidungen getroffen werden, kann Ihnen viel Ärger ersparen. Aus diesem Grund sollten Sie sich das Kennenlernen des Entscheidungsprozesses beim Kunden nicht bis zum Schluss aufsparen; Sie sollten ihn verstehen, noch während Sie Ihre Chancen berechnen. Manchmal sind Kaufentscheidungen strukturiert und formalisiert, in anderen Fällen werden sie ad hoc gefällt. Der Prozess hat nur wenig mit der Größe des Kundenunternehmens zu tun. Häufig hängt er davon ab, wie zentralisiert die Firma geführt wird. In jedem Fall ist er maßgeblich dafür, wie Sie Ihren Abschluss unter Dach und Fach bringen.

Fragen Sie Interessenten schon zu einem frühen Zeitpunkt, wie sie Entscheidungen treffen und wie viele Leute an der Budgetierung, der Umsetzung und den damit verwandten Punkten beteiligt sind. Machen Sie sich bewusst, dass Entscheidungen nur selten von einem Einzelnen getroffen werden. Und denken Sie daran: Die meisten Organisationen und Personen sind risikoscheu, also können Sie damit rechnen, dass eine ganze Gruppe sich über Einkäufe einig werden muss. Sie können Ihnen diese Einigkeit erleichtern, wenn Sie dafür sorgen, dass die richtigen Leute im Kundenunternehmen über Ihr Produkt sprechen. Allein die Frage nach ihrem Entscheidungsprozess kann sie schon in Richtung Kauf bringen. Es kann hilfreich sein, den Prozess zu dokumentieren und ihnen zuzusenden, um den von Ihnen eingeschlagenen Weg zu bestätigen. Sie können das Dokument sogar wie einen Vertrag gestalten, was den Ablauf festlegt und deutlich macht, dass er in einem Verkauf gipfeln wird.

Wenn der Kunde sich gegen Ihre Frage nach dem Entscheidungsprozess sträubt, könnte das bedeuten, dass er nicht in Kaufstimmung ist, oder Sie sprechen mit jemandem, der eigentlich gar keine Einkaufskompetenz besitzt. Das muss nicht unbedingt verhängnisvoll für den Verkauf sein, aber es wirft die Frage auf, ob der Kunde seriös ist und ob Sie mit den richtigen Leuten im Unternehmen zu tun haben.

Errechnen Sie die Wechselkosten des Kunden. Es ist gut, zu wissen, wie hoch die Wechselkosten sind, doch sie können schwer zu bestimmen sein, weil es Variablen geben mag, von denen Sie gar nichts wissen können. In manchen Branchen sind die Wechselkosten bedeutend und können alles umfassen, vom Übergang zu einem neuen System, der Implementierung, den Schulungen und Ausfallzeiten bis hin zum Umbau der Firmengebäude. Wenn Sie die genauen Wechselkosten nicht bestimmen können, ist es wichtig, das mit dem Kunden zu besprechen. Sie erhalten Einblicke in das Unternehmen, Sie zeigen Ihr Interesse. Und vielleicht haben Sie die Gelegenheit, Lösungen zu präsentieren, an die man noch gar nicht gedacht hatte.

Lernen Sie die Kundenkultur kennen. Zu wissen, wie das Unternehmen funktioniert, verschafft Ihnen einen enormen Vorteil: Sie wissen, wie Sie sich und Ihr Produkt präsentieren müssen; Sie wissen, mit wem Sie wie sprechen müssen; Sie wissen, wo Hindernisse bestehen und wie Sie sie umschiffen, und Sie bekommen ein viel besseres Gefühl für die internen Gegebenheiten.

Ein Außendienstler sagte uns, dass er niemals alleine zu Terminen geht. Er braucht mindestens noch eine Begleitperson als Kundschafter. Während er mit dem Verkaufen beschäftigt ist, beobachtet der Kundschafter die Körpersprache des Kunden und achtet auf die kulturellen Hinweise der Umgebung. Anschließend bringen sie das, was sie über die Kundenkultur erfahren haben, miteinander in Einklang.

Seien Sie also gleich beim ersten Termin sehr aufmerksam. Trägt der Kunde einen Anzug von Hugo Boss? Das sagt etwas darüber aus, wie er wahrgenommen werden möchte. Lässt er Sie warten oder kommt er hinaus, um Sie zu begrüßen? Ist sein Büro voller Bücher, Trophäen und Familienfotos? Gehen alle auswärts zu Mittagessen oder essen sie am Arbeitsplatz? Ist das Unternehmen hierarchisch aufgebaut? Scheint es ein großzügiges Budget zu haben oder ist eher Sparsamkeit an der Tagesordnung? Sind die Angestellten pünktlich? Genau wie beim Pokern sind solche Details »Verräter«. Und clevere Verkäufer achten darauf und nutzen, was sie herausgefunden haben.

Wann es besser ist zu gehen

Wenn Sie Ihre Talente und ein wenig Aufwand in die Berechnung Ihrer Möglichkeiten investieren, erhöhen Sie Ihre Erfolgsaussichten. Sie werden mehr Zeit mit dem Verkaufen verbringen und weniger mit der Frage, warum Sie es nicht tun. Und vielleicht geben Sie auch ein bisschen öfter auf – und das kann durchaus sinnvoll sein. »Beim Verkaufen muss man klare Vorstellungen haben, man muss in anderen Menschen lesen können, man muss Vertrauen aufbauen, und man muss wissen, wann man aufhören und weiterziehen muss«, sagte Steve Sieck von Pfizer.

Das mag gegen die Intuition sprechen, aber es ist entscheidend. Man bringt Außendienstlern bei, hartnäckig zu sein, Hindernisse zu überwinden, an etwas festzuhalten und zu gewinnen. Viele Vertreter halten sich daran und das müssen sie auch. Verkaufen erfordert Bestimmtheit und die Fähigkeit, mit Zurückweisungen umzugehen. Doch es gibt auch so etwas wie kluges Zeitmanagement – und ein weiser Verkäufer erkennt Fruchtlosigkeit.

»Ein persönlicher Besuch ist extrem kostspielig. Es sind ja nicht nur die tatsächlichen Kosten für Ihre Zeit und für die Fahrt, sondern auch die Alternativkosten – eine bestimmte Person anstelle einer anderen aufzusuchen«, sagte ein Vertreter. »Für einen Kundenbetreuer ist es deshalb immens wichtig, seine Möglichkeiten effektiv einschätzen zu können. Je nachdem, wie gut er darin ist, wird ein Verkäufer überleben oder nicht. Ein solider, spezifischer Verkaufsprozess, der die falschen Kunden aussortiert, ist ungeheuer wichtig für den Erfolg.«

Angewandte Stärken:
Gelegenheiten einschätzen

Im Folgenden stellen wir Ihnen einige Ideen vor, wie man unter Einsatz bestimmter Talentthemen Gelegenheiten einschätzt. Besinnen

Sie sich jetzt auf Ihre Talente und Stärken und lassen Sie sich ein paar Möglichkeiten einfallen, wie Sie Gelegenheiten anhand Ihrer eigenen fünf stärksten Talentthemen effektiver einschätzen können.

1. Beispiel: *Vorstellungskraft*
   Denken Sie über das Offensichtliche hinaus. Bei der Erarbeitung unterschiedlicher Möglichkeiten, den Fuß in die Tür zu bekommen, suchen Sie nach einer verborgenen Methode, die Ihrer Konkurrenz entgangen ist. Welchen einzigartigen Blickwinkel vermittelt Ihr Produkt oder Ihre Dienstleistung? Wer fehlt Ihnen als Türöffner? Wer ist mit dem gesamten Unternehmen vernetzt, aber auf weniger offensichtliche Weise? Werden Sie kreativ. Durchlaufen Sie in Gedanken viele potenzielle Routen.

2. Beispiel: *Behutsamkeit*
   Nehmen Sie sich Zeit, um zu beurteilen, was der Kunde Ihrer Meinung nach wirklich braucht, das Sie ihm bieten können. Sehen Sie Hindernisse voraus und legen Sie sich schon einmal Gegendarstellungen zurecht. Überprüfen Sie, was Sie über den Wettbewerb wissen, über die derzeit am Markt erhältlichen Produkte und über die Kaufkraft des Kunden. Ein verlangsamter Verkaufsablauf hilft Ihnen abzuwägen, ob Sie das Geschäft weiterverfolgen sollen oder nicht.

3. Beispiel: *Selbstbewusstsein*
   Lassen Sie Kunden und Kollegen das Vertrauen spüren, das Sie in die Situation einbringen. Wenn Sie Ihre Möglichkeiten berechnen, suchen Sie nach Wegen, um Empfehlungen auszusprechen, die dem Wettbewerb nur schwer über die Lippen kommen. Ihre Aufgabe als Verkäufer ist es, zu helfen. Zeigen Sie den Kunden, dass Sie auf andere Weise helfen können als andere und dass Ihnen dies bewusst ist.

4. Beispiel: *Autorität*
   Übernehmen Sie, wann immer möglich, für den Kunden die Führung. Wenn Sie die Chance erkennen, etwas in die Hand zu nehmen, das Ihr Verständnis vertieft und eine Gelegenheit schafft, tun Sie es. Sie erhalten dadurch mehr Zugang und ge-

winnen eine interne Perspektive auf die Möglichkeiten. Sprechen Sie Empfehlungen aus, wenn es angemessen ist.

5. Beispiel: *Wissbegier*
   Schaffen Sie sich ein großes Wissensspektrum über Ihre Kunden – nicht nur ihre Produkte und Dienstleistungen, sondern auch ihre Mitarbeiter. Wer kann Ihnen helfen, diese Gelegenheit auszubauen? Wer ist im gesamten Unternehmen gut vernetzt? Wer hat Zugang zu den Informationen, die Sie brauchen, um sich abzuheben? Finden Sie die Antworten auf diese Fragen und Sie haben sich solide positioniert.

5

Lösungen finden

Die zentralen Punkte dieses Kapitels

➤ Sie müssen nicht sämtliche Antworten kennen, aber Sie müssen die richtigen Fragen stellen. Gute Fragen bringen häufig einen Dialog in Gang. Mit den Erkenntnissen ist es Ihnen möglich, Lösungen zu bieten – nicht nur Produkte, sondern auch Informationen, Ratschläge und Erkenntnisse –, die Ihr Kunde benötigt, selbst wenn ihm das gar nicht bewusst ist.

➤ Den Kunden an oberste Stelle zu setzen bedeutet, dass Sie manchmal nicht der Richtige für die Aufgabe sind. Ihren Kunden mit der richtigen Person oder Ressource in Verbindung zu bringen kann ein entscheidender Schritt beim Aufbau einer stärkeren Partnerschaft sein.

➤ Um zu gewährleisten, dass Ihre Lösungen einen echten Wert bieten, müssen Sie das Geschäft und die Prioritäten Ihres Kunden kennen. Indem Sie auf ihn zugeschnittene Lösungen anbieten, positionieren Sie sich als geschätzter Partner und nicht nur als Verkäufer.

➤ Vorbereitung ist alles. Sie stärken Ihre Glaubwürdigkeit und erhöhen Ihre Erfolgsaussichten, wenn Sie den Preis und die Bandbreite von Lösungen kennen, bevor Sie sie mit dem Kunden besprechen.

Wir sprachen mit einem Kundenberater im Ruhestand, Ray, der sein Berufsleben mit dem Verkauf von Betonbearbeitungsgeräten zugebracht hatte. Als er von dem Vertreter erzählte, der ihn damals ausgebildet hat, merkten wir, dass Ray ihn auch Jahrzehnte später immer noch bewunderte. »Dieser Typ war fantastisch. Er hatte ein untrügliches Gespür dafür, was die Leute brauchten«, berichtete Ray. »Er ging einfach auf die Baustelle und sah sich um. Und er fragte die Leute alles Mögliche über ihren Tagesablauf, ob das neue Produkt sich bewährte, ob die Frau von Soundso jetzt ihr Kind bekommen hätte. Dann suchte er den Boss auf und stellte ihm weitere Fragen. Wenn er damit fertig war, hatte er eine Liste angefertigt, was die Mannschaft jetzt sofort brauchte, was sie in ein paar Wochen brauchte und was sie brauchen würde, wenn die Anbieter A, B und C den Zuschlag bekamen.«

Als Ray schon lange als selbstständiger Verkäufer arbeitete, begleitete er seinen ehemaligen Ausbilder immer noch zu Terminen, einfach nur um ihm bei der Arbeit zuzusehen. »Das war jedes Mal wie eine Fortbildung«, sagte Ray. »Ich weiß immer noch nicht, wie er das gemacht hat, aber eins weiß ich: Er hat mir den Unterschied zwischen dem Verkaufen und dem Entgegennehmen von Aufträgen beigebracht.«

Wir wissen nicht, welche Talentthemen Rays Ausbilder hatte, aber entscheidend ist, dass er seine Talente nutzte, um Lösungen für Probleme zu finden, von deren Existenz die Kunden noch gar nichts gewusst hatten. Und er machte nicht einen einfachen logischen Abgleich zwischen seinen Produkten und dem, was die Kunden zu brauchen glaubten. Bei einem logischen Abgleich geht der Verkäufer davon aus, dass der Kunde das braucht, was er zu bieten hat, und fertig. Es erfordert nicht viel Recherche, Einsicht oder Wissen, einen logischen Abgleich zu machen. Es ist ein einfaches Verbinden: ihre Bedürfnisse, sein Produkt.

Lösungen dagegen sind etwas anderes. Um eine Lösung zu finden, muss man nicht sämtliche Antworten kennen, aber man muss die richtigen Fragen stellen. Geoff Nyheim von Microsoft Online Services hatte ein paar gute Fragen parat, die Verkäufer stellen sollten: Welche Geschäftsprioritäten setzt der CEO? Welche Pressemitteilungen hat das Unternehmen herausgegeben, und welche Interviews haben die Führungskräfte gegeben? Inwiefern spiegeln diese Aktivitäten die Geschäftsprioritäten wider? Wie lassen sich all diese Informationen in ein Angebot umwandeln, das Sie dem Kunden geben können, um eine seiner erklärten Prioritäten zu erreichen oder um ein drängendes Problem zu lösen? Welche Wertfaktoren sind im Spiel? Was können Sie messen, zum Beispiel Umsatz, Kundenengagement und Warenumschlag? Können Sie sich auf eine beiderseitige Definition der Gelegenheit einigen? Und denken Sie ähnlich über die Lösung?

»Es ist sehr wichtig, dafür zu sorgen, dass Sie dieselben Wertfaktoren haben«, sagte Geoff, zu dessen fünf stärksten Themen *Strategie*, *Ideensammler* und *Höchstleistung* gehören. »Kostenvermeidung und Umsatzerzeugung sind zwei verschiedene Dinge.« Das Ziel ist eine Lösung, die für den Kunden funktioniert – selbst wenn diese Lösung bedeutet, dass Sie ihn zur Konkurrenz schicken müssen. Wenn so etwas passiert, tut das weh, aber dem Kunden macht ein solches selbstloses Verhalten deutlich, dass Sie wirklich sein Bestes wollen.

»Ich kann Ihnen gar nicht sagen, wie oft Kunden mich anrufen und sagen: ›Ron, ich weiß, dass Sie so etwas nicht verkaufen, und es tut mir leid, Sie damit zu belästigen, aber Sie wissen doch bestimmt, wo ich das kriegen könnte‹«, sagte Ron Barczak von Stryker. »Und ich sage dann immer: ›Kein Problem, Sie können mich jederzeit anrufen, denn wenn ich es nicht selbst weiß, dann weiß ich wenigstens, wen wir fragen können. Mir macht es nichts aus, wenn Sie mich für alles Mögliche anrufen, auch wenn ich selbst keinen Nutzen davon habe.‹« Ron gestand ein: »Das ist ein zweischneidiges Schwert, aber mir ist lieber, sie rufen mich an, als dass sie sich an die Konkurrenz wenden und denen dieselbe Frage stellen.«

Wissen ist Macht

Der erste Schritt bei der Suche nach Lösungen ist es, Ihre Kunden voneinander zu unterscheiden und sie individuell kennenzulernen. Stellen Sie sich den »Arbeitsraum« zwischen Ihnen und dem Kunden vor. Der Arbeitsraum ist eine Methode, über Ihre Beziehung oder Verbindung zu jenem Kunden nachzudenken. Dieser Raum muss voll sein mit »Qualität«. Viele Vertreter machen den Fehler, zu glauben, sie müssten diesen Raum füllen, indem sie ihre eigenen Antworten hineinstellen. Das führt dazu, dass die Arbeitsräume aller Kunden völlig gleich aussehen, ganz egal wer der Kunde ist.

Stattdessen sollte der Arbeitsraum eindeutig dem einzelnen Kunden gehören und auf der Grundlage der Informationen und Einblicke geschaffen werden, die vom Kunden kommen. Sie beginnen mit dem Füllen des Raums, indem Sie die richtigen Fragen stellen und sich die Antworten aufmerksam anhören. Dann schichten Sie die Ideen, Entdeckungen und Lösungen aufeinander, die Sie mit dem Kunden verbinden. Zunächst könnten Sie annehmen, dass Sie lediglich durch Ihre Antworten einen Wertbeitrag zu diesem Raum leisten. Machen Sie sich stattdessen jedoch lieber bewusst, dass gute Fragen Ihrem Kunden neue Weltsichten eröffnen können – die Ihnen wiederum neue Möglichkeiten bieten, die Beziehungen zu vertiefen und den Verkauf zu steigern.

»Die wahre Magie liegt darin, wie man in Verbindung bleibt und was man sonst noch tun kann, um die Beziehung zu vertiefen, damit sich daraus Umsatz entwickelt«, sagte ein Vertreter der Gastronomiebranche. »Wenn Ihnen das erst einmal in Fleisch und Blut übergegangen ist und Sie erkannt haben, wie gut Sie darin sind, dann sehen Sie, dass jede Chance eine ›Heldenstunde‹ für Verkäufer ist.« Hier ist das Talentthema dieses Vertreters im Einsatz. Es überzeugt ihn davon, einen großen Einfluss auf den Kunden zu besitzen. Und er ist so klug, zu erkennen, dass er eine enge Beziehung zu seinem Kunden aufbauen sollte. Auf diese Weise weiß er, welche »Qualität« er in den Arbeitsraum stellen soll.

Um den Kundenbedürfnissen immer einen Schritt voraus zu sein, müssen Sie proaktiv denken und handeln. Und dafür brauchen Sie Informationen. Rita Robison von Jones Lang LaSalle glaubt, wenn Verkäufer ein Geschäft verlieren, liegt das in der Hälfte der Fälle daran, dass sie dem Kunden oder Interessenten nicht kontinuierlich Fragen gestellt haben. »Meine Stärke ist Wissbegier. Ich bin jederzeit bereit zuzugeben, dass ich nicht alles weiß, und ich habe keine Scheu zu fragen. Ich habe nicht das Gefühl, dass ich dadurch dumm aussehe«, sagte sie. »Es macht mir nichts aus, Fragen zu stellen. Ich möchte lieber etwas wissen als etwas vermuten.«

Die richtigen Ansprechpartner für Fragen sind jedoch nicht immer die Entscheidungsträger. Viele Vertreter machen den Fehler, die Wichtigkeit von Leuten zu unterschätzen, die den Entscheidungsträger beeinflussen könnten. Das kann jemand sein, dem ein wichtiger Entscheider zuhört, oder ein Mitarbeiter in der Verwaltung, der im Mittelpunkt einer maßgeblichen Kommunikationskette sitzt. Verkäufer müssen all ihren Kontakten im Kundenunternehmen aufmerksam zuhören.

Die Lösungen, die Sie vorschlagen, können über Produkte hinausgehen; Sie können auch Ratschläge geben und Erkenntnisse mitteilen. Sie können Standpunkte und Kenntnisse bieten, die der Kunde nicht hat, aber benötigt. Manchmal wissen die Kunden, dass sie diese Information von Ihnen brauchen und wünschen. Doch manchmal können es auch Informationen sein, die zu brauchen sie nicht wissen – Fakten oder Einblicke, die Sie im Ausgleich für das anbieten, was Sie bei Ihren Gesprächen mit Ihren Kunden und Firmenkontakten erfahren haben.

Gelegentlich haben Vertreter Zugang zu Informationen, die auch den Kunden zur Verfügung stehen, die diese jedoch noch nicht entdeckt haben. Wann haben Sie das letzte Mal eine Internetsuche zu Ihrem wichtigsten Kunden durchgeführt oder sich die Website dieses Kunden angesehen? Ein kurzer Überblick über die online verfügbaren Informationen kann Ihnen Erkenntnisse über die drängendsten Probleme oder Sorgen eines Unternehmens bringen. Eine

E-Mail mit nützlichen Informationen zeigt den Kunden, dass Sie an sie denken, selbst wenn das nicht zu einem unmittelbaren Abschluss führt.

Mit dem Sammeln von Erkenntnissen sollten Sie beginnen, bevor Sie Ihre Kunden besuchen. Sie können keine nützlichen Einblicke gewinnen, wenn Sie nicht viel über ihr Geschäft wissen. Schauen Sie sich die Branche, die Wettbewerber und die demografischen Daten Ihres Kunden an. Tragen Sie alles zusammen, was Sie finden können, und versetzen Sie sich in die Lage Ihres Kunden. »Jeder Tag ist ein Schultag und ich will immer dazulernen und zum Experten werden, egal was ich tue«, sagte Ron Barczak von Stryker. »Als ich einmal ein Schülerpraktikum bei einer Firma für Neonschilder gemacht habe, bat ich den Ingenieur, mir zu zeigen, wie das Produkt funktionierte, wie es zusammengesetzt war, wie sie es herstellten und alles. Ich will der Experte für den Kunden sein.«

Mike Astrauskas von Cargill hörte sich genau an wie jemand, der das Beste aus seinem Talent *Strategie* herausholt: »Es ist schwierig in letzter Zeit, also werden die Kunden immer rarer und sie haben nicht genügend Zeit und Personal, um sich der Suche nach Lösungen zu widmen. Das heißt: Wenn man sie aufsucht, sollte man sich in ihrem Geschäft auskennen, den Kontext kennen, in den das eigene Produkt passt, und wissen, worin der Wert für sie liegt. Bei jedem Kundenbesuch wenden wir unsere Innovation und unsere Technologie individuell auf ihr Unternehmen an. Es geht nicht darum zu sagen ›Das hier ist es‹, sondern ›Das hier ist sein Wert für Sie‹. Wir setzen nicht nur das Finanzielle, sondern auch den psychologischen Nutzen in einen Kontext: ›Hey, Sie machen das Richtige. Sie wollen die Innovativsten sein. Das hier wird Ihnen helfen, am innovativsten zu sein und die Konkurrenz in die Schranken zu weisen.‹ Das verstehen sie und sie haben ein gutes Gefühl dabei, mit uns Geschäfte zu machen. Und inzwischen glaube ich, dass sie uns als strategische Geschäftspartner wirklich wertschätzen.«

Mike hat den Nagel auf den Kopf getroffen. Die besten Lösungen sind strategischer Natur. Und ein Vertreter, der zum Teil der Strategie werden kann, wird ein geschätzter Partner, nicht nur ein Verkäufer. Auf den Unterschied zwischen einem Partner und einem Verkäufer werden wir weiter unten noch zu sprechen kommen. Ihre Talente können dazu beitragen, diese neue Wertebene mit Ihren Kunden aufzubauen. Sind Sie zum Beispiel ein Fragensteller oder ein Antworter? Wenn *Autorität* oder *Selbstbewusstsein* zu Ihren Stärken gehören, könnte es sein, dass Sie mehr reden als fragen. Sollte dies der Fall sein, nutzen Sie eins Ihrer personenorientierten Talentthemen, um sich mit jemandem zu verknüpfen, der Sie zum Fragenstellen herausfordert. Stützen Sie sich auf Ihr Talent der *Zukunftsorientierung*, um Ihre Kunden zu fragen, wo sie in zehn Jahren sein wollen. Kunden brauchen mehr als nur Produkte.

Sie brauchen Lösungen, Strategien, emotionale Verbindungen und Insiderinformationen. Für diese Mischung benötigen Sie all Ihre Talente. »Gehen Sie nicht unbewaffnet da rein«, sagte Rita Robison von Jones Lang LaSalle. »Der Kunde betrachtet Sie als Experten.«

Interne Partnerschaften aufbauen

Manchmal ist es leicht, die passende Lösung für Ihren Kunden zu finden – das Marketing oder die F&E haben genau das Richtige für ihn. Doch manchmal müssen Sie auch tief in Ihrem Unternehmen bohren, um das bieten zu können, was der Kunde benötigt. Denken Sie an den Arbeitsraum zwischen Ihnen und Ihren Kollegen. Auch das ist eine Methode, die Beziehung zu visualisieren und die Faktoren, die in diese Beziehung einfließen. Um das zu bekommen, was Sie für Ihren Kunden brauchen, müssen Ihre Mitarbeiter den Kunden ebenso gut verstehen wie Sie. Und sie sollten ebenso sehr danach streben, eine Lösung zu liefern, wie Sie das tun. Dazu müssen Sie dasselbe Maß an engen Partnerschaften herstellen, über das wir schon gesprochen haben, nur intern.

Die Vertiefung Ihrer Partnerschaften innerhalb Ihrer Firma ist entscheidend, um dem Kunden Lösungen zu bieten. Sorgen Sie dafür, dass Ihre Kollegen sich als entscheidenden Bestandteil dieses Prozesses betrachten. Stellen Sie ihnen gute Fragen, statt ihnen Befehle zuzubellen. Laden Sie sie ein und integrieren Sie sie, statt zu fordern. Um Ihre Partnerschaften aufzubauen, behandeln Sie Ihre Kollegen als Schlüsselmitglieder Ihres Teams. Und sie werden Ihnen viel eher helfen, innovative Lösungen zu finden.

Preis und Umfang

Ehe Sie mit einer brillanten Idee zum Kunden gehen, sollten Sie den Preis dieser Idee kennen. Das erfordert eine sorgfältige Einschätzung des Umfangs der Lösung, jetzt und in Zukunft. Dazu gehören die Planung von Eventualitäten, die Berücksichtigung langfristiger Vergünstigungen, das sorgfältige Erwägen dessen, wie viel Arbeit der Kunde diesem Einsatz widmen muss, und das Abwägen der Gewinnspanne. Das Bestimmen von Preis und Umfang ähnelt dem Einschätzen von Möglichkeiten, allerdings mit besseren Informationen und einem erweiterten Fokus.

Dieser Vorgang ist nicht schwierig, wenn es sich bei der Lösung um ein Standardprodukt oder eine Standarddienstleistung handelt. Dagegen erfordert es deutlich mehr Arbeit und Beteiligung Ihrer internen Partner, wenn Sie eine maßgeschneiderte Lösung für den Kunden erstellen. Dennoch ist dies ein Schritt, den zu überspringen sich niemand erlauben kann. Wenn Sie das Projekt nicht gründlich in Preis und Umfang bestimmt haben, ehe Sie es dem Kunden vorstellen, wird der Kunde unweigerlich selbst einen Preis dafür festlegen. Präsentieren Sie also keine Lösung, wenn Sie nicht bereit sind für eine Preisdiskussion.

»Schließen Sie nicht zu früh ab – und nicht zu spät«, sagte ein Vertreter. »Sie müssen wirklich begreifen, was der Kunde verlangt. Sie müssen wirklich begreifen, wie Sie die Bedürfnisse dieses Kunden erfüllen können.« Er merkte auch an, dass Vertreter unter keinen Umständen über den Preis sprechen sollten, ehe sie jede mögliche

Frage oder Einwendung vorausgesehen und beantwortet haben, denn andernfalls laufen sie Gefahr, einen Ankerpreis festzusetzen. (Zum Thema Ankerpreise siehe Kapitel 3.) »Wenn zu früh über Preise gesprochen wird, bieten Sie Ihr Produkt zu einer geringeren Marge an, als es potenziell möglich gewesen wäre, wenn Sie jede Verpflichtung erfüllt, jeden Einwand entkräftet und jedes Bedürfnis der Firma befriedigt hätten«, sagte der Vertreter.

Ein weiteres Schlüsselelement bei der Bestimmung von Preis und Umfang ist die Kenntnis der Auftragsvergabe bei Ihrem Kunden. Sie wollen ja schließlich nicht kurz vor dem Ziel aus dem Rennen fliegen, indem Sie entdecken, dass Ihr Unternehmen eine gegensätzliche Strategie besitzt. Schon zu einem frühen Zeitpunkt der Beziehung sollten Sie wissen, wie der Kunde einen Auftrag, eine Leistungsbeschreibung oder einen Vorvertrag definiert. Wenn Sie das erst einmal in Erfahrung gebracht haben, können Sie Ihre Vorgehensweise an seine vertraglichen Erfordernisse anpassen – was eine weitere Methode sein kann, um eine Lösung zu finden.

Die Lösung besprechen

Die letzte Stufe ist die Besprechung Ihrer Lösung mit dem Kunden. Wir benutzen lieber das Wort besprechen anstelle von präsentieren, weil Sie Ihren Arbeitsraum an dieser Stelle vermutlich auf die richtige Weise gefüllt haben. Sie haben gute Fragen gestellt und Erkenntnisse über den Kunden gewonnen; Sie kennen die Firma und die Bedürfnisse des Kunden und sind zu einem Partner und einem Wirtschaftsgut geworden.

»Ehe Sie irgendwelche Lösungen identifizieren, müssen Sie beim Kunden Ihre Glaubwürdigkeit aufbauen«, sagte Ron Barczak von Stryker. »Er muss wissen, dass Sie viele Ideen haben, dass Sie wissen, wie er Geschäfte macht und wie er interagiert. Ich führe Gespräche ›zur Lage der Nation‹. Ich sage: ›Das ist es, was Sie machen; und hier ist eine potenzielle Möglichkeit, wie wir Ihnen helfen können.‹ Das Erste und das Wichtigste ist der Aufbau von Glaubwürdigkeit beim Kunden und dann teilt man ihm Ideen und Lösungen mit und arbeitet mit ihm an der Umsetzung.«

Benutzen Sie Begriffe, die Ihre Partnerschaft bekräftigen. Sagen Sie »auf der Grundlage unserer Gespräche« oder »unter Berücksichtigung Ihrer Empfehlungen scheint uns diese Lösung in die richtige Richtung zu bringen«. Diese miteinbeziehenden Formulierungen stärken die emotionale Bindung, die Sie zu Ihrem Kunden aufbauen.

»Für mich bedeutet Verkaufen, jemandem zu helfen«, sagte Alan Tremblay von Standard Life. »Wenn man jemandem hilft, ist man der Erste, der dazu beiträgt oder dabei behilflich ist, dass die Firma ihre Ziele erreicht. Das ist kein Spiel; es bedeutet, dafür zu sorgen, dass sie genau das bekommt, wonach sie sucht. So kann ich ihr helfen.«

Angewandte Stärken: Lösungen finden

Im Folgenden stellen wir Ihnen einige Ideen vor, wie man unter Einsatz bestimmter Talentthemen Lösungen findet. Besinnen Sie sich jetzt auf Ihre Talente und Stärken und lassen Sie sich ein paar Möglichkeiten einfallen, wie Sie anhand Ihrer eigenen fünf stärksten Talentthemen effektiver Lösungen identifizieren können.

1. Beispiel: *Intellekt*
   Denken Sie immer an Ihre Kunden. Jede neue Situation, wo und wann auch immer, kann eine Gelegenheit darstellen, einen neuen Gedanken oder eine Erkenntnis zu gewinnen, die Ihrem Kunden auf eine Weise nutzt, die anderen fehlt.

2. Beispiel: *Wettbewerbsorientierung*
   Wie können Ihre Lösungen Sie von der Konkurrenz abheben? Sehen Sie sich die Bedürfnisse Ihrer Kunden genau an und finden Sie heraus, wie Ihre Produkte oder Dienstleistungen ihnen zu großem Erfolg verhelfen. Konzentrieren Sie sich darauf, wie

Ihre Lösung Ihren Kunden den Wettbewerb und den langfristigen Sieg erleichtert. Wenn der Kunde gewinnt, gewinnen Sie auch. Führen Sie eine Strichliste der Gewinne und der Verluste und sorgen Sie dafür, dass viel mehr Gewinne als Verluste darauf verzeichnet sind.

3. Beispiel: *Positive Einstellung*
   Suchen Sie immer nach Wegen, mitreißende Energie in die Situationen einzubringen, in denen Ihre Kunden sich befinden. In den schwierigsten Zeiten brauchen sie oft Hilfe, um ihre Möglichkeiten zu erkennen. Sie sind erfahren darin, über Möglichkeiten nachzudenken, und Ihre positive Energie verhilft Ihren Kunden zu neuer Hoffnung auf potenzielle Lösungen.

4. Beispiel: *Entwicklung*
   Denken Sie darüber nach, wie die von Ihnen angebotenen Lösungen dem Kunden zu Wachstum verhelfen können. Fragen Sie sich, wie Sie Ihren Schlüsselkontakten die Chance ermöglichen können, etwas Neues zu entdecken, das ihnen vorher nicht bewusst war. Das bietet Ihnen die einzigartige Gelegenheit, Ihre Lösungen mit ihren Lernfortschritten und ihrem Wachstum zu verknüpfen.

5. Beispiel: *Verbundenheit*
   Denken Sie daran, dass Ihre Lösungen nicht nur Einfluss auf ein spezielles Problem haben, sondern auch übergeordneten Fragen Ihrer Kunden dienen. Fragen Sie sich, wie die Lösung, die Sie anbieten, die Organisation oder die Gruppe über Wege beeinflussen kann, die diese gar nicht wahrnehmen. Bedenken Sie, dass das Gute, das Sie Ihrem Kunden tun, immer zu Ihnen zurückkommt, auch wenn dies im Moment vielleicht gar nicht relevant ist

6

Fürsprecher gewinnen

Die zentralen Punkte dieses Kapitels

➤ Wie jeder andere brauchen auch Sie Fürsprecher, die Positives über Sie sagen und Ihre großartige Arbeit sichern – wenn Sie einmal nicht da sind, sondern Ihre Konkurrenz. Starke emotionale Bindungen bringen Fürsprecher dazu, das Richtige zu sagen. Sie wissen, dass Sie großen Eindruck hinterlassen haben, wenn Ihre Fürsprecher Ihnen erzählen, wie sie Sie verteidigt haben.

➤ Kaufentscheidungen werden nur selten von einem Einzelnen getroffen, deshalb ist breite Unterstützung aus dem Umfeld des Kunden von großer Bedeutung.

➤ Ihre Bemühung um Fürsprecher sollte authentisch sein und auf Ihren Stärken beruhen. Durch den Einsatz Ihrer naturgegebenen Talente können Sie Bekannte zu Befürwortern machen.

»Ich war auf dem Weg nach Silicon Valley zu unserem möglicherweise größten Kunden aller Zeiten, um dort eine Präsentation zu halten«, erzählte Jerry, ein Verkaufsprofi. »Und ich war echt gut vorbereitet: Ich hatte wochenlang über diese Firma recherchiert. Ich hatte mit einer ganzen Reihe ihrer Techniker gesprochen. Ich hatte eine wunderschöne Präsentation gemacht. Ich hatte sogar Freundschaft mit den Empfangsdamen geschlossen. Ich hatte alles im Griff. Aber dann hatte der Flieger Verspätung. Mein Laptop ging verloren. Und als ich endlich in San Jose ankam, konnte ich die Firma nicht finden und kam drei Stunden zu spät, ohne irgendetwas vorzeigen zu können. Das war die Art von Schlamassel, für die man seinen Job verliert.«

Jerry verlor seinen Job allerdings nicht. Er verlor nicht einmal seinen Interessenten. Die Techniker und eine Empfangsdame hatten die Einkäufer davon überzeugt, dass all die Missgeschicke nur eine Verkettung unglücklicher Umstände waren. Ehe Jerry eintraf, hatten sie den Termin für ihn verschoben und ihm einen geliehenen Laptop besorgt. »Am nächsten Morgen erschien ich in aller Frühe, zog mein Ding durch und machte den Deal klar. Und das alles, weil ein paar von den Leuten, die dort arbeiteten, für *mich* arbeiteten.«

Jeder Verkäufer braucht Fürsprecher, die hinter seinem Rücken gut über ihn reden. Diese Verteidiger können Ihnen Insiderinformationen liefern, Ihre Bemühungen lenken, Sie mit den richtigen Leuten in Verbindung bringen und – wie es Jerrys Fürsprecher taten – sich sogar für Sie starkmachen. Fürsprecher können Ihnen auch das Material liefern, das Sie zum Entwickeln von Lösungen brauchen. Egal wie sorgfältig Sie recherchieren, Sie können nicht alles und jeden kennen. Die richtigen Fürsprecher tun das bereits.

Es reicht nicht aus, einen einzigen Fürsprecher in der Firma des Kunden zu haben. Viele Verkaufsvorgänge sind komplex und erfordern die Entwicklung und Aufrechterhaltung diverser Berührungspunkte.

»Es kommt mir vor, als hätte ich Hunderte Leute in unzähligen Unternehmen kennengelernt. Und ich rede mit jedem und damit meine ich *jeden,* vom Sicherheitsmann über die Kantinenkräfte über die Putzkolonne bis zu den Computertechnikern. Mit jedem«, sagte Steve Sieck von Pfizer, zu dessen fünf stärksten Talentthemen *Kontaktfreudigkeit* und *Kommunikationsfähigkeit* gehören.

Die besten Verkäufer reden mit einer Reihe von Personen, weil ihnen klar ist, dass Kaufentscheidungen selten von einem Einzelnen getroffen werden; die meisten Entscheidungen werden in Gruppen gefällt. Und selbst jene einsamen Entscheider haben Vertrauensberater, denen sie zuhören und die ihr Denken beeinflussen können. Das heißt, Sie müssen enge Beziehungen mit Leuten auf jeder Ebene aufbauen. Und Sie müssen jeden auf Ihre Seite bringen.

Wenn Sie beispielsweise Autos verkaufen und ein Ehepaar kommt zu Ihnen, um einen Minivan zu kaufen, vernachlässigen Sie keinen von beiden und übersehen Sie nicht die Kinder. Beziehen Sie die gesamte Familie mit ein. Ein entscheidendes Element bei der Schaffung von Fürsprechern ist, jedem eine Stimme zu geben. Das schützt Sie davor, einen der katastrophalsten Verkaufsfehler zu begehen: der falschen Person die Entscheidungsmacht zu unterstellen und die anderen zu behandeln, als würden sie keine Rolle spielen.

Dieser Ratschlag scheint eine Binsenweisheit zu sein, aber selbst erfahrene Verkäufer können diesen Fehler machen. Als wir für einen Einzelhandelskunden eine Zielgruppenbefragung durchführten, sagten uns weibliche Konsumentinnen, beim Kaufen von High-End-Elektronik gemeinsam mit ihren Ehemännern würden sie von den Verkäufern für gewöhnlich ignoriert. Häufig übernehmen die Ehemänner das Reden, doch die Frauen haben dieselbe Entscheidungsgewalt, und wer das als Verkäufer ignoriert, tut es auf eigene Gefahr. Übersehen Sie also niemanden beim Verkaufsablauf. Sie brauchen jeden als Fürsprecher, auch jene, die schweigen.

Egal was Sie an wen verkaufen, Befürworter sind unverzichtbar. Insider haben Zugang zu den wichtigsten Entscheidungsträgern – Zugang, den man anfangs nur schwer bekommt – und beeinflussen die wichtigsten Entscheidungen. Ergreifen Sie also jede Chance, sich Verteidiger unter den Kunden zu sichern. Die Frage ist nur: Wie?

Vom Bekannten zum Fürsprecher

Es gibt gute und schlechte Methoden, um Bekannte in Fürsprecher zu verwandeln. Falschheit oder vorgetäuschte Zuneigung gegenüber potenziellen Fürsprechern sind schlechte Methoden. Eine bessere Herangehensweise ist der Einsatz Ihrer natürlichen Talente. Alles andere wirkt arrangiert und die Leute werden es durchschauen. Ihr Bestreben, sich Fürsprache zu sichern, sollte authentisch sein. Mit Apfelkuchen und Anständigkeit können Sie sich Türen öffnen, aber um sie offen zu halten, ist ein Austausch notwendig. »Eröffnen Sie dem Kunden eine Möglichkeit zum Reden«, sagte Steve Sieck von Pfizer. »Und dann hören Sie zu, was er sagt. An dieser Stelle wird Vertrauen aufgebaut.«

Sie sollten auch ein paar Untersuchungen vornehmen, wenn Sie sich Ihr Fürsprachenetzwerk aufbauen. Die meisten erfolgreichen Abschlüsse beginnen mit einer Investition in die entscheidenden Leute. Doch zunächst müssen Sie herausfinden, wer diese Leute sind. Hilfsmittel wie Social Maps sind sehr nützlich für visuelle Denker und bewahren Sie davor, potenzielle Fürsprecher zu übersehen. Um eine Social Map zu erstellen, müssen Sie sich fragen: Wer sind die zentralen Entscheidungsträger? Wer arbeitet direkt mit ihnen zusammen? Wer arbeitet zwar nicht mit ihnen zusammen, könnte aber ihre Entscheidungen beeinflussen? Wer kann mir sagen, wer fehlt? Kenne ich diese Personen? Stehen sie in einer Beziehung zu mir? Falls nicht, wer kann mich ihnen vorstellen? Und denken Sie daran: Sie liegen nicht immer zu 100 Prozent richtig, also reißen Sie keine Brücken hinter sich ab. Sie können nicht immer wissen, wer wen beeinflusst.

Wenn Sie sich fragen, wer noch auf Ihre Social Map gehört, können Sie jederzeit Ihren Kunden um Rat bitten. Bitten ist eine unterschätzte Form der Schmeichelei. Die Menschen lieben es, um ihre Meinung gebeten zu werden. Und Sie brauchen an dieser Stelle noch nicht aufzuhören. Wenn der Kunde jemanden benennt, den Sie kennen sollten, bitten Sie ihn, Sie mit dieser Person in Kontakt zu bringen. Damit erweitern Sie Ihre Reichweite sehr rasch.

»Ich frage meinen Kunden immer, ob es noch irgendjemanden gibt, mit dem ich reden sollte«, sagte Steve Sieck von Pfizer. »Oft kommt dann die Antwort: ›Wissen Sie was? Ja!‹ Und dann frage ich: ›Würden Sie ihn anrufen und mir dabei behilflich sein, einen Termin mit ihm zu machen?‹« Das ist eine der Methoden, wie Steve das Beste aus seinen Talentthemen *Arrangeur* und *Höchstleistung* macht. Er gibt sich nicht mit einem Berührungspunkt zufrieden. Er schafft viele und dabei verbessert er seine Aussichten auf einen Termin oder einen Abschluss für die weitere Zukunft.

Natürlich müssen Sie sich in den Beziehungen zurechtfinden. »Es gibt eine unfassbar große Zahl von Beeinflussern in unserem Geschäft«, sagte John Wells von Interface, der sich auf seine Talentthemen *Höchstleistung* und *Einzelwahrnehmung* verlässt, um das Beste aus seinen Fürsprechern herauszuholen und keine geschäftliche Chance ungenutzt zu lassen. »Es gibt große und kleine Anteilseigner, Kundenbetreuer, Einflussnehmer, Gutachter. Wir müssen die Leute kennen, die von den Eigentümern ausgesandt werden, um sowohl die Informationen als auch die Personen zu versammeln, welche die Eigentümer beeinflussen. Das Erfassen all dieser Menschen ist also wirklich entscheidend in unserem Geschäft.« Mit seinem Gespür für die Motivation jedes Einzelnen nutzt John sein Wissen zu seinem Vorteil für das Geschäftswachstum.

Die meisten von Johns Kunden bestehen, wie er sagte, »aus einer Vielzahl von Individuen. Und manchmal machen wir einen Fehler, indem wir Beziehungen zu einigen, aber nicht zu allen unterhalten. Und wenn man nur mit einigen wenigen redet, hat man das Gefühl, es läuft alles gut, aber man übersieht vielleicht den Löwenanteil der Arbeit. Wir legen darauf sehr viel Wert – vielleicht gehen Ihnen mehr Geschäfte durch die Lappen, als Sie abzuschließen versuchen, wenn Sie nicht Beziehungen zu allen Bereichen der Firma pflegen.«

Viele Vertreter denken, dass nur Menschen mit Talentthemen wie *Kontaktfreudigkeit* oder *Bindungsfähigkeit* beim Gewinnen von Fürsprechern glänzen können, aber das stimmt nicht. John, zu dessen stärksten Talenten *Höchstleistung* und *Integrationsbestreben* zählen, sagte: »Ich denke immer, man kann noch mehr aus einer Beziehung herausholen oder dass wir noch ein paar weitere Beziehungen knüpfen können … Das ist der Gedanke, der mich morgens aus dem Bett kommen lässt.« Seine Talente helfen ihm, zu erkennen, wie das Vertiefen einer Verbindung nicht nur zu seinem eigenen Erfolg führt, sondern auch zum Erfolg des Kundenunternehmens. Talente wie *Kontaktfreudigkeit*, *Bindungsfähigkeit* oder *Integrationsbestreben* können hilfreich sein beim Aufbau von Beziehungen und bei der Schaffung von Fürsprache, aber sie reichen nicht aus. Sie müssen mit den richtigen Personen zusammenkommen, die Beziehungen vertiefen und sicherstellen, dass niemand sich ausgenutzt vorkommt. Es ist wichtig, sich auf mehr als ein Talent zu verlassen, um sich Fürsprecher im gesamten Kundenunternehmen zu sichern.

Unterstützung aus den eigenen Reihen

Selbst in kleinen Firmen gibt es viele wichtige Schaltstellen, deshalb ist es eine gute Idee, wenn man das Schaffen von Fürsprechern zu einer Teamaufgabe macht. Sie müssen sich Ihre Botschaften nicht ganz alleine aufbauen. Bitten Sie stattdessen Ihre Kollegen, die Schlüsselpersonen im Team des Kunden ausfindig zu machen. Denken Sie daran, wie politische Kampagnen funktionieren: Nur einer bewirbt sich um das Amt, aber die Kandidaten haben oft mehrere Dutzend Mitarbeiter, die Beziehungen zu einflussreichen Wählern herstellen. Diese Vorgehensweise können Sie auch auf den Aufbau von Kontakten zu Ihren Kunden übertragen.

Und vergessen Sie nicht, dass auch ein Vorgesetzter oder eine Führungskraft in Ihrem eigenen Unternehmen ein hervorragender Fürsprecher sein kann. »Ich sitze mit einem Kunden beim Abendessen und ich weiß, dass wir uns auf die Zielgerade zubewegen. Dann lasse ich einen der Unternehmensleiter ans Telefon gehen oder sich ins Flugzeug setzen, um zu bestätigen, dass sie mich und all meine Aktivitäten unterstützen, um ihren Abschluss zu bekommen«, sagte ein Vertreter aus der Gastronomiebranche. »Das von unserem CEO zu hören, zeigt dem Kunden, dass sein Geschäft einen sehr hohen Wert für uns hat. Jeder Chef hat die Kapazitäten, so etwas zu machen – nur dass meine Chefs das die ganze Zeit machen.«

Sie fragen sich vielleicht, wie dieser Verkäufer es schafft, dass sein CEO extra seinetwegen in ein Flugzeug steigt. Das könnte an einem seiner stärksten Talentthemen liegen, *Bedeutsamkeit*, das ihn zu der Erkenntnis inspiriert: »Ich verdiene diese Unterstützung.« Darüber hinaus weiß der CEO, dass dieser Verkäufer erstklassige Geschäfte macht. Aber jeder im Unternehmen besitzt das Potenzial, das von einem Vertreter unterbreitete Wertangebot zu verstärken.

Falls es bei Ihrer Lösung um Technologie geht, könnten Sie beispielsweise jemanden aus der IT-Abteilung bitten, die IT-Leute des Kunden anzurufen und Lösungen und Erkenntnisse anzubieten, die nur Techniker verstehen. Wenn Sie auf Schwierigkeiten mit der Buchhaltung oder der Rechtsabteilung stoßen, wer könnte dann ein besserer Fürsprecher für Sie sein als jemand aus Ihrer eigenen Buchhaltungs- oder Rechtsabteilung? Je mehr Möglichkeiten Sie finden können, Ihr Unternehmen und das Ihres Kunden zu verknüpfen, desto umfassender wird die Partnerschaft.

Fürsprecher einschwören

Sie brauchen Ihre Verteidiger, um mit Erwartungen umzugehen und die Einwände Dritter zu entkräften. Es ist schwer genug, mit Erwartungen umzugehen; noch schwieriger ist es über einen Stellvertreter. Aber wenn die Zeit gekommen ist, dass Ihre Fürsprecher sich für Sie einsetzen müssen, werden sie das mit eigenen Worten tun, nicht mit den Ihren. Einem Fürsprecher beizubringen, was er zu Ihren Gunsten sagen soll, ist eine delikate Angelegenheit. Ein Verkäufer erklärte es so: »Ich wusste nie, wie ich andere dazu bringen sollte, das zu tun, was ich wollte. Also habe ich dafür gesorgt, dass ich jemand bin, dem sie gerne helfen möchten. Ich habe mein Einfühlungsvermögen genutzt, um sicherzustellen, dass wir dieselbe Wellenlänge haben. Ich habe meine Verbundenheit genutzt, damit meine Fürsprecher an mich denken, wenn ich nicht da bin. Die Stärke *Analytisch* – damit kann man herausfinden, inwiefern das, was man verkauft, für die Karriere des Fürsprechers von Nutzen ist.«

Dieser Verkäufer hat es ausgezeichnet formuliert: Fürsprecher werden sich eher für Sie einsetzen, wenn es ihnen nützt. Ein echter Verteidiger ist jemand, der den Wert dessen begreift, das Sie mitbringen, und der wirkungsvoll zu Ihren Gunsten argumentieren kann. Ihre besten Fürsprecher machen den Eindruck, als hätten sie bei diesem Spiel genauso viel zu verlieren wie Sie. Also verbünden Sie sich mit ihnen, um Ihr Anliegen auszudrücken. Wenn Sie Ihre Arbeit richtig machen, wird Ihr Fürsprecher dieses Training von Ihnen genauso sehr wünschen, wie Sie es ihm erteilen möchten. Wenn Sie mit ihm zusammenarbeiten, um die Fürsprache zurechtzulegen, erhält diese die größtmögliche Wirkung.

Egal wie erfolgreich Ihr Verteidiger den Chef beeinflussen kann, jener Chef wird trotzdem Einwände, Zweifel oder Fragen haben. Das gehört einfach dazu. Seien Sie für Ihren Fürsprecher zur Stelle und halten Sie Antworten bereit. Das beste Resultat ist die Gelegenheit, direkt mit den Entscheidungsträgern zu sprechen. Wenn Ihr Fürsprecher einen Termin für Sie vereinbart und die Entscheider bereits dazu veranlasst hat, über Ihre Lösung nachzudenken, dann hat er mehr als genug geleistet.

Angewandte Stärken: Fürsprecher schaffen

Im Folgenden stellen wir Ihnen einige Ideen vor, wie man sich unter Einsatz bestimmter Talentthemen Fürsprache sichert. Besinnen Sie sich jetzt auf Ihre Talente und Stärken und lassen Sie sich ein paar Möglichkeiten einfallen, wie Sie sich anhand Ihrer eigenen fünf stärksten Talentthemen effektive Fürsprecher schaffen können.

1. Beispiel: *Disziplin*
   Tragen Sie die Personen, mit denen Sie in Kontakt bleiben müssen, in Ihren Kalender ein. Machen Sie die Verabredungen mit ihnen zu einer spezifischen Aufgabe, die Sie in Ihrem Tagesplan abhaken können. Das hilft Ihnen, zielgerichtet Beziehungen zu Menschen aufzubauen und zu pflegen, die wichtig für Ihren Erfolg sind. Der regelmäßige Kontakt zu ihnen baut auch Vertrauen auf.

2. Beispiel: *Einzelwahrnehmung*
   Bauen Sie Beziehungen auf der Grundlage dessen auf, was jeden Fürsprecher einzigartig macht. Holen Sie Informationen ein, mit denen Sie nachvollziehen können, was für Ihre Fürsprecher wichtig ist und was sie von Ihnen brauchen, um Ihre Partnerschaft zu stärken.

3. Beispiel: *Harmoniestreben*
   Suchen Sie bei internen wie bei externen Befürwortern nach Möglichkeiten des Zusammentreffens, wenn es Meinungsverschiedenheiten über oder Widerstände gegen Ihre Lösungen oder Ideen gibt. Sie werden deutlich erkennen, dass diese Zerwürfnisse nicht produktiv sind. Ermöglichen Sie ihnen, das ebenfalls zu begreifen. Wenn Sie erfolgreich sind, wird man Ihre Bereitschaft schätzen, ihnen bei der Bewältigung ihrer Aufgaben zu helfen.

4. Beispiel: *Anpassungsfähigkeit*
   Nutzen Sie Ihre Fähigkeit, mit veränderten Prioritäten zurechtzukommen, um Ihre Kunden und Ihre Kollegen durch schwierige oder verwirrende Zeiten zu lenken. Ihr anpassungsfähiges Naturell hilft Ihnen dabei, einen Schritt zurückzutreten und Alternativen zu erwägen. Letztlich kann dies Sie zu einem Ratgeber machen und beim Schaffen von Fürsprache helfen.

5. Beispiel: *Einfühlungsvermögen*
   Ihre Fähigkeit, die Gefühle anderer wahrzunehmen, hilft Ihnen, zu verstehen, wenn alles gut läuft – oder eben nicht. Sie erkennen Dinge lange vor anderen, die nicht so ein feines Gespür für

diese Emotionen haben. Nehmen Sie diese emotionalen Hinweise zur Kenntnis und überlegen Sie, wie Sie Hilfe anbieten können. Gehen Sie Vermutungen nach, die den Verkaufsprozess in Gang halten können.

7

Verhandlung und Abschluss

Die zentralen Punkte dieses Kapitels

➤ Verhandlung und Abschluss sollten weder negativ noch einmalige Ereignisse sein. Stattdessen kann es sich um eine ganze Reihe von werthaltigen Begegnungen handeln, die einen Kunden dazu führen, die Lösung für ein Problem zu finden.

➤ Das Voraussehen dessen, was der Kunde als Nächstes braucht, schafft eine fortwährende Konversation. Wenn Sie dem Kunden werthaltige Einsichten verschaffen, wird der Abschluss zu einem natürlichen Bestandteil der Beziehung.

➤ Ihre speziellen Talente können zu erfolgreichen Verhandlungen und Abschlüssen beitragen. Machen Sie Rollenspiele, um Ihre stärkenbasierte Technik zu perfektionieren, denn das lässt Sie erkennen, wann Sie Ihre Talente effektiv zum Einsatz bringen – und wann nicht.

➤ Ein Talentthema, das nicht von Vorteil für den Abschlussprozess zu sein scheint, kann womöglich Ihr größtes Ass sein.

»Ich liebe es, zu verhandeln«, sagte Geoff Nyheim von Microsoft Online Services. »Wenn die Sache ganz verfahren ist und alle sich irgendwie uneinig sind, liebe ich es sogar noch mehr … denn ich denke mir: ›O verdammt, ich krieg' das hin.‹ Das macht Spaß und es ist ein intellektueller Nervenkitzel. Es ist interessant und herausfordernd.« Geoff hat Glück. Verhandeln kann schwierig sein. Manche Vertreter haben Sorge, dass sie die Kundenbeziehung durch die Konfrontation aufs Spiel setzen. Andere dagegen mögen den Prozess. Ein Kundenberater erzählte uns, Verhandlungen seien das Beste an seinem Beruf.

Egal wie Sie es empfinden, die Verhandlung ist ein wichtiger Bestandteil des Verkaufsprozesses. Sie muss geführt werden, und zwar gut. Und es ist leichter, gut zu verhandeln, wenn Sie Ihre Stärken zum Einsatz bringen. Menschen mit Autorität beispielsweise sind vermutlich im Vorteil, was Verhandlungen angeht, und wenn auch nur, weil energisches Auftreten ihrem Naturell entspricht. Wer Selbstbewusstsein zu seinen Stärken zählt, ist überzeugt, dass er recht hat, was ihm Sicherheit gibt.

Kelly Matthews, Kundenbetreuerin bei Mars Snackfood, betrachtet den Prozess des Verhandelns und Abschließens als logischen Bestandteil der Gespräche, die sie zuvor mit ihren Kunden geführt hat. »Ich denke immer: Was ist der nächste Schritt? Was muss ich jetzt machen?«, sagte sie. »Und dann bleibe ich einfach am Ball, immer auf das ultimative Ziel hin. Ich bleibe einfach auf dem Weg. Also, für mich hat der Abschluss mehr etwas mit Ausdauer zu tun.« Kelly nutzt ihre Talentthemen *Leistungsorientierung* und *Fokus* für ihre Ausdauer. Und ihre *Wettbewerbsorientierung* sorgt dafür, dass sie gewinnen möchte. Wenn Sie es schaffen, eine Lösung für ein Kundenproblem zu finden (so wie Kelly, wenn sie sich den nächsten Schritt vorstellt), haben Sie mehr als die Hälfte der Verhandlung bereits hinter sich.

Aber egal welche Ihre fünf stärksten Talentthemen sind, Sie können sie immer auf die eine oder andere Weise einsetzen, um zu verhandeln und Abschlüsse zu erzielen. Vielleicht glauben Sie beispielsweise nicht, dass *Wissbegier* für einen Abschluss von Nutzen sein kann, aber Ron Barczak von Stryker sieht das anders. »Je mehr Informationen man an den Verhandlungstisch mitbringen kann«, sagt er, »umso besser kann man dem anderen klarmachen, dass dies ein gutes Szenario für ihn ist.« Talentthemen wie *Verbundenheit, Positive Einstellung* und *Einfühlungsvermögen* können Ihnen dabei helfen, eine gefühlsmäßige Verbindung zu Ihren Kunden aufzubauen. Diese Themen können auch nützlich sein, um Interessenten weichzuklopfen, und wenn Sie dann am Verhandlungstisch sitzen, wird man Sie eher für einen Verbündeten als für einen Gegner halten.

Das führt uns zurück zu den Fürsprechern. Das Beste, was in einer Verhandlung passieren kann, ist, dass der Entscheidungsträger Ihr Unterstützer ist. Das Zweitbeste ist, dass der Entscheidungsträger von Ihren Fürsprechern umgeben ist. Menschen, die sich für Sie einsetzen, erweisen sich in Verhandlungen als überaus praktisch; es könnte schließlich Besonderheiten oder Probleme geben, die nur ein Insider kennen kann. So könnte ein Fürsprecher Ihnen beispielsweise sagen, ob ein Vorvertrag Gold wert oder bloß eine Formalität ist. Ein Insider kann Ihnen verraten, ob Ihr Kunde aggressives Verkaufsverhalten hasst oder es genießt. Und ein Befürworter kann Sie wissen lassen, ob es Ihre Zeit überhaupt lohnt, das Geschäft weiterzuverfolgen.

Wenn Sie Ihre Talente effektiv nutzen, um Probleme zu lösen und Beziehungen aufzubauen, sind Sie in der Lage, einige der härtesten Aspekte des Verhandelns überhaupt zu vermeiden. »Wenn wir alle Fragen gelöst und alle Themen besprochen haben, die für Sie als Kunde wichtig sind, gibt es wirklich nichts mehr zu tun, als den Vertrag zu unterzeichnen«, sagte ein Gastronomie-Vertreter. »Am Ende des Tages, wenn Sie alles haben, was Sie brauchen, und ich alles habe, was ich brauche – dann war's das.«

Dieser Vertreter kann den Prozess so gut abstimmen, weil er seine stärksten Talente bis zum Äußersten nutzt: Sein Talent *Analytisch* hilft ihm, Informationen zusammenzutragen. Seine Talente *Strategie* und *Wiederherstellung* lassen ihn Möglichkeiten ergründen und Lösungen für mögliche Probleme finden. Seine *Überzeugung* vermittelt

Wert und tiefere Bedeutung. Und die *Bedeutsamkeit* sorgt dafür, dass dies alles geschehen kann. Ehe er sich nach einem Geschäft umgesehen hat, ist es schon da und wartet auf ihn.

Es braucht Zeit, gedankliche Beschäftigung und Anstrengung, um herauszufinden, wie man seine Talente für Vertragsabschlüsse einsetzt. Aber was ist, wenn Ihnen das Verhandeln unangenehm ist und Ihren großen Schwachpunkt darstellt, Sie aber in drei Tagen einen Termin zur Vertragsunterzeichnung haben? Es gibt eine Schnelllösung für dieses Problem: Machen Sie Rollenspiele mit einem Kollegen oder einem Vorgesetzten, in denen Sie alle Schritte durchdenken können. Sie sollten auf jeden Aspekt des Geschäfts Bezug nehmen. Wenn Sie nach einem solchen Rollenspiel in den Verhandlungsraum kommen, haben Sie bereits jedes mögliche Szenario geprobt. Falls Überraschungen Ihnen Angst machen, müssen Sie sie schon vorab durchdenken, um die Ursachen für Ihr Unbehagen zu minimieren. Rollenspiele können zu Ihrer Desensibilisierung beitragen.

Lassen Sie uns das Rollenspiel in einzelne Schritte aufgliedern:

➤ Bitten Sie einen Kollegen oder Ihren Vorgesetzten, Sie mit einer Reihe möglicher Einwände zu konfrontieren.

➤ Bereiten Sie zu jedem Einwand eine Antwort vor und üben Sie sie so lange, bis Sie sich nicht mehr defensiv oder nervös anhören.

➤ Machen Sie sich bewusst, wo Sie Vorteile bieten können, und lassen Sie sich nicht davon abbringen.

➤ Achten Sie darauf, sich diese Tür für zukünftige Geschäfte offenzuhalten.

Wann ist ein Gewinn wirklich ein Gewinn?

Wenn der Vertragsabschluss für Sie eine quälende Beschränkung darstellt, die Ihnen immer und immer wieder Probleme bereitet, werden Sie vermutlich nie Freude daran haben. Aber Sie werden lernen müssen, wie er funktioniert – beim Verkaufen führt kein Weg um den Abschluss herum. Wir kennen einen College-Spendenbeschaffer, der sich vor Verhandlungen und Abschlüssen fürchtet. Er sagt, er hasst Konflikte, und Verhandlungen hält er für einen solchen. Seine fünf stärksten Talentthemen – *Anpassungsfähigkeit, Überzeugung, Harmoniestreben, Einfühlungsvermögen* und *Behutsamkeit* – sind eher merkwürdig für einen aggressiven Jäger. Doch nachdem er mit einem Stärkenentwicklungs-Coach zusammengearbeitet hatte, entdeckte der Spendensammler, dass seine Talente – insbesondere *Einfühlungsvermögen, Harmoniestreben* und *Überzeugung* – ihm Türen öffneten, die für andere erhebliche Hindernisse dargestellt hätten.

»Ich würde das nicht machen, wenn ich nicht so sehr an diese Einrichtung glaubte. Und ich möchte nicht mein ganzes Leben lang versuchen, mit Menschen zu reden, die nicht mit mir reden wollen«, sagte er beim Nachdenken über seine Überzeugung. »Also habe ich mein Einfühlungsvermögen und mein Harmoniestreben so gut genutzt, dass ich auf eine Art über mein College reden kann, die anderen deutlich macht, wie stark es sie betrifft, selbst wenn sie seit fünfzig Jahren keinen Fuß mehr auf den Campus gesetzt haben. Sie wissen, wie wichtig Bildung ist, und ich kann ihnen zeigen, wie sie Teil der Zukunft unserer Kinder werden können, genau wie unser College es für sie gewesen ist. Wer würde dazu schon Nein sagen?«

Wenn Sie Ihre Talente ganz gezielt für Verhandlungen und Abschlüsse einsetzen, werden Sie sich mit diesem Ablauf wahrscheinlich wohler fühlen. Aber passen Sie auf, dass Ihnen Ihre besseren Verhandlungsfähigkeiten nicht zu Kopfe steigen. Sicher, Sie mögen es vielleicht mehr – oder hassen es weniger –, während Sie besser darin werden, und Ihre Verkaufszahlen werden steigen. Aber denken Sie daran: Der eigentliche Zweck des Verhandelns ist es, für alle eine Win-Win-Situation herzustellen; es geht nicht um den bloßen Spaß, einen großen Deal zu landen.

»Es gibt Deals, sogar sehr wichtige Deals, die man einfach nicht machen kann«, sagte Geoff Nyheim von Microsoft Online Services.

»Wir hatten gerade so einen Fall, wo wir uns tatsächlich entschlossen haben, Abstand zu nehmen. Damit ist es dem Team völlig unmöglich, während der nächsten drei Jahre die Zielvorgaben zu erfüllen. Aber wenn wir diesen Verkauf durchgezogen hätten, zu diesen Bedingungen und zu diesem Preis … das wäre unverantwortlich gegenüber unseren Shareholdern gewesen. Bei der Transparenz von Informationen heutzutage hätten die Jungs an der Wall Street das unweigerlich mitbekommen, und wir hätten unseren eigenen Markt untergraben.«

Es gibt Geschäfte, die den Abschluss einfach nicht wert sind. Manchmal ist es am besten, zurückzutreten. Versuchen Sie, sich nicht von der Hitze des Verhandlungsgefechts erfassen zu lassen. Wenn das Geschäft weder für Sie noch für den Kunden gut ist, lassen Sie es bleiben.

Angewandte Stärken: Verhandlung und Abschluss

Im Folgenden stellen wir Ihnen einige Ideen vor, wie man unter Einsatz bestimmter Talentthemen verhandelt und Verträge abschließt. Besinnen Sie sich jetzt auf Ihre Talente und Stärken und lassen Sie sich ein paar Möglichkeiten einfallen, wie Sie anhand Ihrer eigenen fünf stärksten Talentthemen effektiver verhandeln und abschließen können.

1. Beispiel: *Kontext*
   Nutzen Sie vorangegangene Erfolge, um Ihre gegenwärtigen Aktivitäten bei Verhandlungen und Abschlüssen zu beeinflussen. Wenn ein Kunde zuvor auf eine bestimmte Vorgehensweise gut reagiert hat, behalten Sie das im Gedächtnis und greifen Sie jedes Mal darauf zurück, sobald Sie diesen Teil des Verkaufsprozesses erreichen.

2. Beispiel: *Leistungsorientierung*
   Setzen Sie sich den erfolgreichen Abschluss zum Ziel, das Sie erreichen müssen. Ob der Verkaufszyklus lang oder kurz ist, ach-

ten Sie darauf, wo im Prozess Sie sich befinden. Versuchen Sie, den Verhandlungs- und Abschlussteil des Verkaufsprozesses in kleinere Schritte zu unterteilen. Dann können Sie jeden Schritt abhaken, um alle Ihre Erfolge auf dem Weg zum finalen Ziel im Auge zu behalten.

3. Beispiel: *Wiederherstellung*
Versuchen Sie, als Bestandteil des Verhandlungs- und Abschlussprozesses Problemlösungen für Ihre Kunden zu finden, die Ihrer Konkurrenz vielleicht entgehen. Suchen Sie nach wichtigen Bereichen, die verbessert werden müssen. Wenn der Kunde erkennt, dass Sie sich Gedanken über Verbesserungen machen in Bereichen, wo er zu kämpfen hat, verschafft Ihnen das wirkungsvoll die richtige Position in diesem Teil des Verkaufsprozesses.

4. Beispiel: *Ideensammler*
Gehen Sie besser informiert in den Verhandlungs- und Abschlussprozess als der Kunde und Ihre Mitbewerber. Recherchieren Sie zu den möglichen Einwänden des Kunden – und zu dem Vergleich, den er zwischen Ihnen und dem Wettbewerb ziehen könnte. Wenn Sie fortwährend zeigen, dass Sie all diese Themen sorgfältig erwogen haben, lässt Sie das Hindernisse überwinden.

5. Beispiel: *Fokus*
Behalten Sie das finale Ziel im Auge: den Vertragsabschluss. Verwenden Sie ihn als Wegweiser für den gesamten Verhandlungsprozess. Wenn Sie sich auf das Wesentliche konzentrieren, lassen Sie sich nicht durch Ablenkungen vom Wege abbringen. Ihre Fähigkeit, sich auf Ihr Ziel zu konzentrieren, gibt Ihnen Stabilität, wenn andere ins Wanken geraten.

8

Zu Diensten stehen, erhalten und wachsen

Die zentralen Punkte dieses Kapitels

➤ Sie haben den Abschluss in der Tasche. Jetzt ist es an der Zeit, die Beziehung langfristig zu sichern. Ein erster Verkaufsabschluss ist eine Gelegenheit, um eine dauerhafte Beziehung aufzubauen. Nach dem Verkauf haben Sie tagtäglich die Chance, Ihren Kunden zu zeigen, warum sie Ihnen den Vorzug vor der Konkurrenz gegeben haben.

➤ Um die Kundenbeziehung aufrechtzuerhalten, brauchen Sie keine anderen Talente als für den Verkauf. Sie müssen sie nur anders anwenden. Wenn Sie sich Ihre fünf stärksten Talentthemen immer wieder anschauen, erkennen Sie, wie sie Ihnen dabei helfen können, mit Ihren Kunden in Verbindung zu bleiben.

➤ Ein engagiertes Team interner Partner kann von Nutzen sein, um dauerhafte Verbindungen mit Ihren Kunden zu schaffen.

> ➤ Die »Flitterwochen« sind die perfekte Zeit, um die Kundenbin-
> dung auf lange Sicht zu sichern. Fragen Sie sich, was Sie brau-
> chen, um die richtige Art von Partnerschaft aufzubauen, und
> legen Sie frühzeitig klare Erwartungen fest, dann können Sie
> Probleme überwinden, die nach Abflauen der ersten Euphorie
> auftauchen.

Wir haben häufig den Begriff *Beziehung* verwendet – und wir werden ihn im Kapitel über emotionale Kundenbindung noch viel mehr benutzen. Aber es gibt einen wichtigen Aspekt von Beziehungen, den wir noch nicht erwähnt haben: Beziehungen haben kein Verfallsdatum. Eine gute Kundenbeziehung geht immer weiter. Rita Robison von Jones Lang LaSalle formulierte es geradeheraus: Einmalige Geschäfte sind Zeitverschwendung. »Einer der schlimmsten Fehler, den Sie als Berufsanfänger machen können, ist es, jedes Geschäft als *ein* Geschäft zu sehen. Bleiben Sie in Kontakt mit Ihren Kunden und lassen Sie sie für Sie verkaufen«, sagte sie.

Es ist nicht ungewöhnlich, dass Vertreter all ihre Bemühungen in einen ersten Verkauf stecken, dann aber an Schwung verlieren, sobald der Vertrag unterzeichnet ist. Doch Sie müssen erkennen, dass die Aufrechterhaltung der Beziehung zu einem enormen Wachstum des Verkaufsportfolios beitragen kann. Wenn Sie Ihre Talente und Stärken auf den Verkauf angewendet haben, haben Sie eine großartige Verbindung hergestellt. Also lassen Sie sie nicht abreißen – bauen Sie darauf auf.

»Ein Kunde hat sich entschlossen, mit Ihrer Firma Geschäfte zu machen. Von diesem Tag an ist es Ihr Job, dem Kunden immer wieder zu verdeutlichen, warum er diese Entscheidung getroffen hat und warum sie weise war«, sagte ein Vertreter. »Sie müssen immer wieder zu ihm fahren und die Bedürfnisse seines Unternehmens neu bewerten, weil die sich ändern. Wenn Sie nicht fragen, was für Bedürfnisse das sind, könnte Ihnen etwas entgehen. Vielleicht kommt ein anderer, entdeckt diese Bedürfnisse und findet eine Lösung dafür. Und Sie sind dann eines Tages außen vor.«

Je mehr wir mit Verkäufern arbeiten, umso mehr erkennen wir: Egal auf welche Art und Weise sie verkaufen, sie können eine langfristige Beziehung entwickeln. Für einige Verkäufer ist die Entwicklung der Beziehung gleich in den Verkaufsprozess mit eingebaut. Verkäufer im Finanzbereich beispielsweise arbeiten im Allgemeinen mit einem Kundenportfolio, dem sie über Jahre hinweg eng verbunden bleiben. Doch jeder, der im Verkauf arbeitet, sogar ein Einzelhandelsverkäufer, hat das Potenzial, Beziehungen zu entwickeln und zu vertiefen.

Peggy ist Verkäuferin in einem Warenhaus und hat eine fünfjährige Beziehung zu unserer Kollegin Jennifer aufgebaut. Als Jennifers Schwiegervater starb, brauchte sie etwas zum Anziehen für die Beerdigung. Und sie hatte ihre beiden kleinen Kinder dabei, die keine besondere Lust zum Einkaufen hatten. »Ich wusste, dass meine Shoppingtour furchtbar werden würde und dass ich Hilfe brauchte«, sagte Jennifer. »Also ging ich zur Kasse und sagte der Frau dahinter, dass ich einen schwarzen Anzug brauchte. Schnell.«

Peggy brachte Jennifer in die größte Umkleidekabine, brachte ihr jeden schwarzen Anzug, den der Laden in ihrer Größe vorrätig hatte, und übernahm dann die Kinder. »Bis ich mich für einen Anzug entschieden hatte, spielten Peggy und meine Zweijährige mit der Registrierkasse und der Fünfjährige malte auf Peggys Notizzettel.« An dieser Stelle brach Jennifer in Tränen aus und Peggy gab ihr ein Päckchen Taschentücher und tätschelte ihre Schulter. »Sie sagte, sie hätte sich schon gedacht, dass ich etwas für eine Beerdigung suchte und dass ich ein bisschen zusätzliche Hilfe gebrauchen könnte«, sagte Jennifer. »Seit diesem Tag habe ich jedes einzelne Kleidungsstück, das ich besitze – und einen Großteil meiner Geschenke für andere – bei Peggy gekauft. Ich weiß nicht, was ich mache, wenn sie einmal kündigt!«

Selbst wenn Sie also einen scheinbar einmaligen Verkauf machen, heißt das nicht, dass die Beziehung ein isoliertes Ereignis sein muss. Durchaus möglich, dass der Kunde im Moment nur *ein* Auto, *ein* Softwarepaket oder *einen* schwarzen Anzug braucht. Aber in Zukunft benötigt er vielleicht mehr davon und in der Zeit zwischen zwei Käufen hat er mit Hunderten von Menschen zu tun. Erzählt dieser Kunde etwas Gutes, etwas Schlechtes oder gar nichts über Sie, seinen Verkäufer?

Echter Gewinn lässt sich dort machen, wo Guthaben anwachsen – wo mit bestehenden Kunden mehr Geschäfte gemacht werden. Es ist weniger kostenintensiv, mehr Umsatz mit aktuellen Kunden zu generieren, als neue zu gewinnen. Deshalb sind das Aufbauen umfassender Beziehungen und gutes Verhandeln so wichtig. Wenn Sie Ihr Guthaben nicht erhöhen – wenn Sie also nicht immer wieder neue Lösungen bieten –, könnten Ihre Kunden außerdem den Eindruck haben, dass Sie ihnen keine Aufmerksamkeit schenken oder nicht zu ihrem Besten arbeiten.

Binden Sie Ihre Firma ein

Auf einem Verkauf aufzubauen, statt einen Verkauf in Gang zu bringen, erfordert keine völlig anderen Talente. Es erfordert nur eine andere Anwendung Ihrer Talente. »Positive Einstellung steht ganz oben bei meinen Talentthemen, gleich hinter Einfühlungsvermögen und Bindungsfähigkeit, und ich glaube, das sorgt für tiefere Beziehungen«, sagte ein Vertreter der Energiebranche. »Seien wir doch einmal ehrlich, Propangas ist Propangas. Aber als ich noch einmal ganz von vorne anfing, wurde mein erster Kunde bei meiner alten Firma der erste Käufer bei der neuen. Ich rief ihn an und er sagte nur: ›Liefern Sie mir Gas.‹ Und ich sagte: ›Okay, wollen Sie den Preis wissen?‹ Und er sagte: ›Nein, ich vertraue Ihnen.‹« Die Fähigkeit dieses Vertreters, Beziehungen aufzubauen und aufrechtzuerhalten, hat ihm geholfen, eine dauerhafte Partnerschaft zu schließen und ein so solides Vertrauen zu schaffen, dass der Warenpreis aus der Gleichung gestrichen wurde.

Aber Sie können eine Beziehung nicht alleine aufrechterhalten. Der Verkauf bildet die Schnittstelle zwischen der Firma des Kunden und der Firma des Verkäufers und er kann jeden in beiden Unternehmen betreffen. Um erfolgreiche langfristige Beziehungen zu Kunden aufzubauen, brauchen Sie die Unterstützung der Leute in Ihrer eigenen Firma, weil diese internen Partner über Wohl und Wehe Ihres Erfolgs entscheiden können. Es gibt zwei Möglichkeiten, dies zu erreichen: die Kollegen zur Hilfe zwingen oder sie zur Hilfe ermuntern, indem man sie als Partner wählt. Kelly Matthews von Mars Snackfood bevorzugt das Letztere. »Im Laufe der Jahre habe ich viel Zeit damit verbracht, den Leuten in unserem Hauptsitz etwas über meinen Hauptkunden zu erzählen«, sagte sie. »Dazu gehört auch, was bei dem Kunden zu erreichen ist, welches Geschäftsmodell er hat und wie wir einander gegenseitig bereichern können.« In diesem Fall unternimmt Kelly alles in ihrer Macht Stehende, um die Beziehung ständig zu verbessern. Hier ist ihr Talent *Höchstleistung* im Einsatz.

Es scheint offensichtlich, muss aber trotzdem gesagt werden: Niemand, der Sie oder den Kunden unterstützt – von demjenigen, der die Aufträge bearbeitet, bis zu demjenigen, der die Ware verschickt –, sollte sich jemals ausgenutzt fühlen. Sie sollten sich als Partner, nicht als Dienstboten verstehen. Partner schlagen Lösungen vor, an die kein anderer jemals gedacht hat, und diese Lösungen fließen in die Kundenbeziehung ein. Darüber hinaus sollten Sie den Kunden zeigen können, dass ein Heer talentierter, eifriger Menschen hinter Ihnen steht, die alle bereit sind, Lösungen zu bieten.

»Wenn ich genau auf den Punkt bringen müsste, warum ich meiner Meinung nach erfolgreich war – wenn ich es denn war; es gab auch genügend Gelegenheiten, bei denen ich gescheitert bin –, dann lag es wohl daran, dass ich Beziehungen zu den Leuten aufgebaut habe, mit denen ich arbeite und die für mich arbeiten«, sagte Geoff Nyheim von Microsoft Online Services. »Ich verbringe ungeheuer viel Zeit damit, herauszufinden, wer sie sind, warum sie so sind und wie ich ihnen helfen kann. Ich möchte wissen, was ich dazu beitragen kann, dass sie ihr Potenzial oder ihre Hoffnungen und Träume realisieren. Ich finde heraus, was für jeden Einzelnen Erfolg bedeutet.«

Gleichzeitig müssen Sie Ihre Kunden innerhalb Ihrer eigenen Firma positionieren. Sie sollten dem Empfang, der Rechtsabteilung, der Poststelle und der Herstellung deutlich machen, was der Kunde für die Organisation bedeutet, sodass sie bereit sind, sich ebenso für den Kunden in die Bresche zu werfen wie Sie. Die Menschen arbeiten engagierter für Kunden, die sie kennen und die ihnen wichtig sind. »Ich habe ein ganzes Unternehmen, das ich mit einbringen kann, um einem Kunden zu helfen«, sagte ein Kundenberater in der

Gastronomiebranche. »Es geht nicht nur darum, seine Bedürfnisse abzugleichen mit einer Firma, die ich habe. Sondern: ›Vereinbaren wir doch einmal ein Treffen zwischen meiner Personalabteilung und Ihrer. Und lassen Sie uns dabei behilflich sein, dass Sie Best Practices von uns übernehmen können, denn das und das haben wir gelernt.‹ Es geht also um die gesamte Beziehung und nicht nur darum, dass ich irgendwas verkaufe.«

Die Flitterwochen

Als wir über das Thema dieses Kapitels nachdachten, setzten wir uns mit einem überaus erfolgreichen Kundenberater zusammen, der für ein Beratungsunternehmen arbeitet. Er hat eine bemerkenswerte Erfolgsbilanz im Verkauf und in der Schaffung hochkomplexer, langfristiger Beratungsbeziehungen. Wir dachten uns, dass er vielleicht ein paar nützliche Einblicke hätte – und so war es auch. Er sagte, einer der entscheidendsten Teile des Verkaufsprozesses sei das, was er als »Flitterwochen« bezeichnet. »Das sind die ein, zwei Wochen, die unmittelbar auf die formelle Vertragsunterzeichnung folgen. Es gibt ein solides Engagement, niemand hat einen Fehler gemacht, niemand wurde entlassen. Das ist die schlechteste Zeit, um sich zurückzuziehen, denn es wird nie wieder eine so total positive emotionale Phase geben«, erklärte er.

Dieser Verkaufsprofi bemerkte, dass die Flitterwochen für den Kunden der perfekte Zeitpunkt sind, um herauszufinden, was er von seinem Vertreter erwarten kann – und für den Vertreter, um zu zeigen, was er vom Kunden erwartet und braucht. Es ist die ideale Gelegenheit, das zentrale Kundenteam mit Ihrem eigenen internen Kernteam zusammenzubringen. »Lassen Sie sie gemeinsam zu Abend essen und die neue Beziehung feiern. Stellen Sie alle einander vor, besprechen Sie die Zukunft, bauen Sie persönliche Verbindungen auf. Und sorgen Sie dafür, dass der Kunde am Ende weiß, was jeder benötigt, um seine Arbeit erfolgreich ausführen zu können«, sagte er.

Die Flitterwochen sind auch ideal dafür geeignet, um das zu bitten, was Sie für Ihren Zugang zum Unternehmen benötigen. Und das meinen wir ganz wörtlich – eine Codekarte, ein Büro vor Ort oder eine Einladung zu den wöchentlichen Personaltreffen –, aber es geht auch um Zugang zu den Menschen, die für die langfristige Beziehung von Bedeutung sind. Wenn Sie den CEO kennenlernen müssen, ist dies der Zeitpunkt, um einen Termin zu bitten oder die obersten Führungskräfte des Unternehmens zu befragen. In der Zwischenzeit sollten Sie sich weitere Fürsprecher schaffen, während Sie dem Kunden helfen, seine wichtigsten Probleme zu lösen, und damit eine langfristige Verbindung sicherstellen.

Gut geeignet ist dieser Zeitraum auch, um Kunden zu zeigen, wie Sie Wert vermitteln. Vielleicht durch das unmittelbare Reagieren auf ihre Anfragen oder durch ein bestimmtes Qualitätsniveau des Produktes oder der Dienstleistung. Denken Sie daran, dass die Menschen gerne mehr bekommen, als sie zu bezahlen glauben, besonders von demjenigen, der es ihnen verkauft hat. Der Starverkäufer, mit dem wir sprachen, brachte zum Beispiel immer noch etwas Zusätzliches und Unerwartetes ein – in diesem Fall einen monatlichen Beratungstermin vor Ort, der nicht im Vertrag stand.

John Wells von Interface brachte nicht nur etwas Zusätzliches ein, er fuhr es auch selbst hin. »Ich hatte einen sehr großen Kunden und eins seiner besonderen Projekte wurde in Mobile, Alabama, eröffnet. Aber der Teppichboden war nicht rechtzeitig bestellt worden«, sagte er. Das fand er heraus, nachdem eine der Angestellten des Kunden ihn in Panik angerufen hatte. Sie erzählte John, dass der Bürgermeister zu der großen Ladeneröffnung in zwei Tagen kommen würde, dass das Ganze eine sehr große Sache für Mobile wäre und dass der Teppichboden noch nicht eingetroffen sei. Unter Johns fünf stärksten Talentthemen ist auch *Überzeugung*. Und er konnte einen Kunden nicht im Stich lassen. »Zum Glück war ich in Reichweite. Also besorgte ich mir einen Lkw und fuhr den Teppich noch am selben Abend hin, verlegte ihn und alles ging glatt«, sagte er. »Das klingt vielleicht, als wollte ich mir selbst auf die Schulter klopfen, aber ich werde diese Sache nie vergessen. Es war eine ganz schöne Mühe für mich, aber es hat meine Beziehungen zu dieser Firma für immer und ewig gefestigt.«

Wenn Sie aus den Flitterwochen das Optimale herausholen, kommen Sie besser mit den Themen zurecht, die aufkommen, sobald die Flitterwochen vorüber sind, und einmal müssen sie ja vorbei sein. Das persönliche emotionale Gerüst, das Sie zu einem früheren Zeitpunkt errichtet haben, hilft Ihnen, sich an veränderte Erwartungen anzupassen, schleichende Erweiterungen des Leistungsumfangs zu vermeiden und effektiver mit Reklamationen umzugehen – lauter unvermeidliche Dinge.

Aber Sie müssen Tag für Tag an der Beziehung arbeiten. Sie müssen sich häufig mit wichtigen Stakeholdern treffen. Ihr Team muss mit dem Kunden in Verbindung bleiben und eine gute beiderseitige Kommunikation aufrechterhalten. Mit Problemen, Bedürfnissen und Erfolgen sollte offen umgegangen werden. »Sie müssen sich anhören, was der Kunde Ihnen sagt«, sagte ein Kundenberater im Energiesektor. »Ich lasse die Kunden immer wissen, dass wir uns ihre Probleme, ihre Beschwerden, ihre guten und ihre schlechten Neuigkeiten anhören, egal was. Wir wollen es einfach hören.«

Seiner Überzeugung nach finden Kunden, die wissen, dass ihr Verkäufer zuhört, die Konkurrenz weniger verlockend – selbst wenn sie günstigere Preise hat: »Um ehrlich zu sein, manchmal sage ich ihnen: ›Das ist ein Bombengeschäft, wahrscheinlich sollten Sie das machen.‹ Und sehr oft – manchmal nach zehn Minuten, manchmal nach einem Monat – rufen sie mich zurück und sagen: ›Wegen dieses Bombengeschäfts, das ich machen sollte. Also, das war dann doch nicht das Wahre.‹ Man muss zuhören können. Das ist ein ganz wichtiger Bestandteil der Kommunikation.«

Die besten Kundenbeziehungen sind auf Vertrauen und Zusammenarbeit aufgebaut, nicht auf Preisen. Natürlich ist Geld immer ein Thema. Aber ein Verkäufer, der seine Talente vorteilhaft nutzt, kann großen Einfluss darauf nehmen, wie wichtig dieses Thema ist. Die Flitterwochen sind der Zeitpunkt, um die Parameter dieser Beziehung festzulegen. Gründen Sie die Beziehung auf Partnerschaft, nicht auf Preisgestaltung, und Ihre Flitterwochen werden in eine sehr glückliche Ehe münden.

Empfehlungen

Einer der größten Vorteile einer wachsenden Kundenbeziehung ist, dass sie zu Empfehlungen führen kann, die für Verkäufer Gold wert sind. Wie Sie im Kapitel über emotionale Kundenbindung erfahren werden, gibt es einen entscheidenden Unterschied zwischen zufriedenen und emotional gebundenen Kunden. Zufriedene Kunden sagen, dass Sie sie bei anderen ins Gespräch bringen werden, und vielleicht tun sie das auch. Aber ein Vorschlag ist nicht dasselbe wie eine leidenschaftliche Empfehlung. Sie wollen ja nicht nur, dass Ihre Kunden von Ihnen sagen, Sie wären ein angenehmer Zeitgenosse mit einem guten Produkt zu einem guten Preis. Sie wollen, dass Ihre Kunden Sie anderen als den einzigen Menschen beschreiben, mit dem sie Geschäfte machen würden.

Um eine Empfehlung zu bitten, fällt Menschen mit bestimmten Talentstärken – zum Beispiel *Selbstbewusstsein*, *Autorität*, *Strategie*, *Höchstleistung* oder *Tatkraft* – oftmals leichter als anderen. Schwieriger ist es für diejenigen mit weniger offensichtlichen Durchsetzungstalenten oder für jene, die ihre Kundenbeziehungen auf Freundschaft aufbauen. Diesen Personen kann die Bitte um eine Empfehlung aufdringlich erscheinen. In diesem Fall betrachten sie Empfehlungen vielleicht aus der falschen Perspektive. Wenn ein Kunde eine Empfehlung gibt, legt er Zeugnis ab über den Wert, den Sie und Ihr Unternehmen seiner Firma bringen. Ein Kunde, der bereit ist, Sie und Ihre Organisation zu empfehlen, ergreift die Chance, die kluge Entscheidung zu verbreiten, die er bei Ihrer Wahl getroffen hat. Sie sollten Ihren Kunden nicht die Gelegenheit vorenthalten, sich selbst in ein gutes Licht zu rücken. Und begeisterte Kunden geben häufig auch ungefragt freiwillige Empfehlungen ab.

Auch wenn Sie sich beim Fragen nach einer Empfehlung unwohl fühlen, sollten Sie es trotzdem tun. »Ich habe nie sehr gerne um Empfehlungen gebeten, weil es so ähnlich ist, als würden Sie jemanden bitten, eine Wahlkampfrede für Sie zu halten«, sagte uns ein Verkäufer. »Genauso gut könnten Sie Ihre Freundin fragen, ob sie irgendwelche Singlefrauen kennt. Aber als wir unser Haus umgebaut haben, hatten wir einen fantastischen Bauunternehmer beauftragt. Ich sagte ihm, er soll unsere Küche auf seine Website stellen, und erzählte jedem von diesem Typen – und mir wurde klar, dass ich genau das für ihn tat, was mir in meinem Beruf schwerfällt.« Dieser Verkäufer ist mittlerweile ein echter Profi in Sachen Empfehlungen.

Angewandte Stärken: zu Diensten stehen, erhalten und wachsen

Im Folgenden stellen wir Ihnen einige Ideen vor, wie man unter Einsatz bestimmter Talentthemen seinen Kunden zu Diensten steht, sie erhält und die Beziehung wachsen lässt. Besinnen Sie sich jetzt auf Ihre Talente und Stärken und lassen Sie sich ein paar Möglichkeiten einfallen, wie Sie anhand Ihrer eigenen fünf stärksten Talentthemen Ihren Kunden effektiver zu Diensten stehen, sie erhalten und die Beziehung wachsen lassen können.

1. Beispiel: *Bindungsfähigkeit*
   Betrachten Sie alle Aspekte Ihrer Kundenbeziehung und machen Sie sich bewusst, dass Ihre Verbindung mit Kunden über das übliche Geschäft hinausgehen kann. Nehmen Sie sich die Zeit, so eng wie möglich mit Kunden zusammenzuarbeiten, damit Sie ihnen ein vertrauenswürdiger Ratgeber werden. Bedeutsame Bindungen zu Kunden schaffen dauerhafte Beziehungen, die langfristiges Wachstum schaffen. Nutzen Sie Ihre Fähigkeit, solche Verbindungen zu Ihren Kunden aufzubauen.

2. Beispiel: *Zukunftsorientierung*
   Wohin gehen wir? Was liegt hinter dem Horizont Ihrer geschäftlichen Bedürfnisse? Das sind die Fragen, die Sie Ihren Kunden stellen sollten. Erkennen Sie ihre Wachstumsstrategien und was Sie tun können, um ein Teil dieser Zukunft zu werden. Beginnen Sie mit einer Bestandsaufnahme, um sicherzustellen, dass Sie ihren aktuellen Bedürfnissen gerecht werden. Verwenden Sie diese dann als Baustein zur Entwicklung einer Strategie *mit* ihnen, um zu gewährleisten, dass Sie auch ihren zukünftigen Erfordernissen gerecht werden. Sie müssen ein Bestandteil ihrer Vision werden, dann ist die Aufrechterhaltung ein natürlicher Begleiteffekt.

3. Beispiel: *Wettbewerbsorientierung*
   Behalten Sie die Konkurrenz im Auge. Beim Vertragsabschluss gegen den Wettbewerb zu gewinnen ist wie ein wichtiger Punkt in einem Ballspiel: Das echte Spiel geht weiter, solange die Möglichkeit besteht, dass Sie verlieren könnten. Viele Spiele wurden schon von Mannschaften gewonnen, die zurücklagen. Führen Sie also Ihren persönlichen Wettbewerb ein, um sich von der Konkurrenz abzuheben. Schlagen Sie sie sogar dann, wenn sie gar nicht realisiert, dass sie im Spiel ist. Stolpern Sie nicht in die Falle, indem Sie glauben, sie hätten gewonnen. Verkaufen ist ein anhaltender Wettstreit. Das Geschäft zu erhalten und auszubauen ist der Schlüssel zu langfristiger Leistung. Bleiben Sie am Ball. Nehmen Sie die erzielten Gewinne nicht für selbstverständlich, während Sie den nächsten Sieg ansteuern.

4. Beispiel: *Kommunikationsfähigkeit*
   Bleiben Sie mit Ihren Kunden in Kontakt. Teilen Sie ihnen regelmäßig Ideen und Informationen mit, die ihnen von Nutzen sein könnten. Fragen Sie nach, wie ihr Geschäft läuft und ob Sie und Ihre Firma die Erwartungen erfüllen und übertreffen. Diese fortwährenden Interaktionen erhalten die Verbindung aufrecht und machen Sie für die Kunden zu einem wertvollen Partner. Verwenden Sie Kommunikation als Methode, Ihren Wert zu unterstreichen. Nutzen Sie Geschichten von tatsächlichen Situati-

onen, um Ihren Kunden die Vorteile der Zusammenarbeit mit Ihnen zu verdeutlichen.

5. Beispiel: *Arrangeur*

    Versuchen Sie, Wege zu finden, um Ihre Vorzüge innerhalb des ganzen Kundenunternehmens zu vervielfachen. Ihre Fähigkeit des Jonglierens und des Ausführens mehrerer paralleler Tätigkeiten ermöglicht es Ihnen, rund um Ihre Arbeit in der Kundenorganisation Energie aufzubauen. Suchen Sie nach Möglichkeiten, um die Partnerschaft dynamisch zu erhalten. Verknüpfen Sie Menschen und Ideen. Setzen Sie Ihre Fähigkeit ein, viele Dinge gleichzeitig zu tun, um Ihren Kunden zu helfen, wenn sie überfordert zu sein scheinen. Seien Sie derjenige, der alle beweglichen Teile kennt.

9

Verkaufen im Team

Die wichtigsten Punkte dieses Kapitels

➤ Verkaufsteams sind dann am effektivsten, wenn das Produkt oder die Dienstleistung eine breite Wissensbasis erfordert, wenn die Kunden viele Entscheidungsträger haben und wenn das geografische Gebiet groß ist.

➤ Es ist entscheidend, die Talente Ihrer Teammitglieder zu kennen, also zu wissen, wer was gut kann. Die Mitglieder erfolgreicher Teams haben eine besonders gute Wahrnehmung dessen, worin sie einander gleichen und worin sie sich unterscheiden.

➤ Die besten Teams sind sorgfältig zusammengestellt und zeichnen sich aus durch einander ergänzende Stärken, eine gemeinsame Mission, Fairness, Vertrauen, Akzeptanz, Versöhnlichkeit, Kommunikation und fehlende Ichbezogenheit.

➤ Kommunikation ist der Schlüssel zur Leistung.

Traditionell stellt man sich den Verkauf als Ein-Mann-Spiel vor. Und in Ihrer Firma ist es das vielleicht auch jetzt noch. Aber das Verkaufsteam-Modell wird immer häufiger. Einige Kunden erwarten sehr viel Aufmerksamkeit und Know-how von ihren Zulieferern – mehr, als ein einzelner Verkaufsmitarbeiter leisten kann. Als Reaktion darauf erwiesen sich viele Unternehmen als erfolgreich, indem sie Expertenteams zusammenstellten, um ihre Kunden zu unterstützen. Unterschiedliche Entscheidungsträger haben auch unterschiedliche Bedürfnisse und Arbeitsweisen und einzelne Vertreter können unmöglich mit allen Käufern zusammenpassen, denen sie begegnen.

In dieser Lage befand sich auch Pfizer Oncology und die Lösung lautete Teamverkauf. Pfizer Oncology war der Meinung, dass ein breites Produktfachwissen über sein deutlich erweitertes Produktportfolio nicht von einem einzelnen Verkäufer erwartet werden konnte. Daher teilte man das Portfolio unter zwei Vertretern auf, die dasselbe Gebiet bearbeiteten. Beide Verkäufer, jeweils mit spezialisierten Fachkenntnissen, suchten dieselben Ärzte auf. Diese Vorgehensweise funktionierte so gut, dass Pfizer Oncology nach vier Jahren ein »Paarmodell« einführte, bei dem jeweils zwei erfahrene Außendienstmitarbeiter exakt dieselben Ziele verfolgen und nach denselben Einsatzplänen arbeiten. Die meisten Verkäufer erhielten diese Rolle in einer der elitärsten Verkaufsorganisationen bei Pfizer im Rahmen einer Beförderung. Wir machten eine Gruppenbefragung in Mike Scouvarts Verkaufsgebiet Mittelatlantik, um herauszufinden, warum das Teamverkaufsverfahren so gut funktionierte.

Als Erstes fiel uns auf, wie stark die Kundenberater ihre Talente und Stärken in den Mittelpunkt stellten. Sie waren sich sehr wohl bewusst, dass jedes Mitglied der Verkaufspaare eine unterschiedliche Kombination von Talenten besaß und wie diese Talente ineinandergriffen. »Oft ergänzen wir uns gegenseitig«, sagte einer der Vertreter. »Wir haben unterschiedliche Ideen, eine unterschiedliche Betrachtungsweise und knüpfen Kontakte zu unterschiedlichen Personen. Wenn wir zusammenkommen, stärken wir unsere Vorstellungen und unseren Fokus.«

Es hat allerdings eine Weile gedauert, diesen Punkt zu erreichen. Wenn die Teammitglieder nicht ermittelt, ausgebildet, verstanden oder richtig eingesetzt werden, sind die Teams nicht so effektiv. Außerdem kann es einige Zeit dauern, die Talente aufeinander abzustimmen, wie die Teammitglieder von Pfizer Oncology entdeckten. »Wir hatten am Anfang eine recht schwierige Phase. Und ich glaube, das lag daran, dass mein Partner und ich sehr unterschiedliche Typen sind«, sagte einer der Vertreter. »Wir denken verschieden. Wir verarbeiten die Dinge anders. Allerdings haben wir dieselbe Arbeitsauffassung, was uns zusammengeschweißt hat. Aber wir haben einander nicht so respektiert, wie es für eine funktionierende Beziehung notwendig gewesen wäre. Und wir führten Telefongespräche nach der Arbeit, die einfach nur ein gegenseitiges Draufhauen, ein Schlagabtausch waren.«

Pfizer Oncology ist jedoch ein stärkenorientiertes Unternehmen, deshalb spielten die Paare ihre Talente nicht lange gegeneinander aus. Mit etwas Einsicht und der Hilfe eines Stärken-Coachs lernten die Verkäufer, wie sie ihr jeweils Bestes im Doppelpack geben konnten. »Wir haben die Stärken des anderen sehr gut kennengelernt«, sagte einer der Kundenberater. »Diese Wahrnehmung hat uns unglaublich viel Vertrauen aufbauen lassen – und deshalb und wegen des Einsatzes unserer individuellen Stärken wissen wir, dass wir alles bewältigen können, was immer sich uns in den Weg stellt.«

Sehr bald profitierten die Vertreter von dem stärkenorientierten Teamansatz, ebenso wie ihre Kunden. Die Verkaufsmethoden unterscheiden sich, aber das trifft auch auf Kaufverhalten zu. Im komplexen Bereich der Onkologie können die Erfordernisse der Ärzte und ihrer Patienten außerordentlich unterschiedlich sein. Ein gut zusammengestelltes Team kann mehr Talente bieten, was den Umgang mit Kunden und das Erfüllen ihrer Bedürfnisse einfacher und effizienter macht.

Präzisionsdesign

Teamorientiertes Verkaufen kann außerordentlich effektiv sein – aber es kann einen auch in den Wahnsinn treiben. Das hängt jeweils davon ab, wie die Teams gebildet werden. In ihrem Buch *Power of 2* haben Rodd Wagner und Gale Muller untersucht, was gute Partnerschaften funktionieren lässt. Sie fanden heraus, dass die erfolgreichsten und effektivsten Partnerschaften sich durch einander ergänzende Stärken auszeichnen, durch eine gemeinsame Mission, Fairness (erwägen Sie also sorgfältig die Bezahlung), Vertrauen, Akzeptanz, Versöhnlichkeit, Kommunikation und fehlende Selbstbezogenheit. Vorgesetzte können den Verkaufserfolg von Teams gewährleisten, indem sie diese Schlüsseleigenschaften bedenken, wenn sie Partner zusammenstellen, und sie dann unterstützen.

Der StrengthsFinder ist ein gutes Hilfsmittel für die Zusammenstellung von Teammitgliedern auf der Grundlage komplementärer Stärken. Zwei Menschen mit starker *Wettbewerbsorientierung* zum Beispiel könnten sich gegenseitig die Köpfe einschlagen, aber wenn sie zusätzlich über Talente wie *Kommunikationsfähigkeit* und *Harmoniestreben* verfügen, können sie Konflikte bewältigen. Zwei Personen mit der Stärke *Analytisch* in einem Team zu haben ist wunderbar, um Lösungen zu finden, aber *Analytisch* plus *Disziplin* plus *Einfühlungsvermögen* wirkt sich auf verschiedene Teile des Verkaufsprozesses aus und hilft einem Team, sich auf Informationen zu konzentrieren, auf Details zu achten und abweichende Standpunkte zu verstehen. »Wir verlassen uns hier aufeinander«, sagte Dana Fiser, Vice President of Corporate Operations bei Jenny Craig. »Wir müssen uns im Team gegenseitig vertrauen, weil wir darauf angewiesen sind, miteinander zu arbeiten.«

Eine gute Mischung von Talenten und Stärken kann auch hilfreich sein, um die Kundenbedürfnisse zu erfüllen. Ein aussichtsreicher Kunde reagiert vielleicht anfänglich gut auf ein Verkaufsteam mit ausgeprägten Talenten in *Autorität*, *Wettbewerbsorientierung* oder *Selbstbewusstsein*. Aber früher oder später muss ein Vertrag ausgehandelt werden. Ein Team, in dem sich auch Talente in *Harmonie-*

streben, *Bindungsfähigkeit* und *Verbundenheit* finden, kann nötigenfalls Feinheiten herausarbeiten.

Wir können auch gar nicht genug den Wert der Kommunikation betonen, so wie es Wagner und Muller in ihrem Buch sagen. Teammitglieder müssen miteinander sprechen – fortwährend. Sie müssen offen zu ihren Talenten und ihren Einschränkungen stehen und darüber reden, wo jeder Einzelne den größten Beitrag leisten kann und wo er Hilfe brauchen könnte. Eins der Themen, die sie besprechen müssen – und womöglich eins der schwierigsten –, ist die Frage, was jedes Teammitglied an der Arbeit mit den anderen schätzt und nicht so schätzt. Unstimmigkeiten werden häufig durch Unterschiede bei den Talenten verursacht, aber Unterschiede können auch eine Quelle der Höchstleistung sein. Deshalb ist konstante Kommunikation so entscheidend.

Die Pfizer-Teampaare reden bis zu vier Mal am Tag über ihre Kunden, ihre Stärken, ihre Ansprüche und ihre Siege, wie uns ein Vertreter erzählte. Sie unterhalten sich persönlich, telefonisch, per SMS und E-Mail – was immer gerade am praktischsten ist. »Erfolg hängt von gegenseitigem Respekt ab«, sagte einer der Pfizer-Vertreter. »Viele Leute sind unterschiedlich, und wenn sie ihre Unterschiede nicht respektieren, bekommen sie nie die Chance, sie zu nutzen und ihren Vorteil daraus zu ziehen. Als Team konnten wir uns die Stärken zweier extrem verschiedener Personen zunutze machen. Wir sind uns darüber im Klaren, und wir machen auch keinen Hehl daraus. Aber wir sind ein Team, das es geschafft hat, aus uns beiden das Beste herauszuholen und das zu respektieren und etwas daraus zu machen.«

Angewandte Stärken: Verkaufen im Team

Im Folgenden stellen wir Ihnen einige Ideen vor, wie man unter Einsatz bestimmter Talentthemen effektiver im Team verkaufen kann. Besinnen Sie sich jetzt auf Ihre Talente und Stärken und lassen Sie sich ein paar Möglichkeiten einfallen, wie Sie anhand Ihrer eigenen fünf stärksten Talentthemen effektiver im Team verkaufen können.

1. Beispiel: *Einfühlungsvermögen*
   Die Dynamik eines Teams kann verwirrend sein. Nutzen Sie Ihre Fähigkeit, die innerhalb des Teams aufkommenden Emotionen zu erspüren, damit die Mitglieder einander besser verstehen und erkennen, warum sie bestimmte Dinge fühlen. Sie können den Teammitgliedern helfen, die Beziehungen zu klären.

2. Beispiel: *Disziplin*
   Bieten Sie dem Team Ihr Organisationstalent an. Andere sind vielleicht nicht so effektiv wie Sie, was das Nachvollziehen und Organisieren angeht, deshalb werden sie von Ihrer Fähigkeit profitieren, den Arbeitsablauf sinnvoll zu gestalten und die Details der einzelnen Entwicklungsschritte zu bestimmen. Zwingen Sie Ihren Ansatz nicht anderen auf, sondern helfen Sie ihnen, der Arbeit einen Sinn zu verleihen und zu erkennen, was das Wichtigste ist, um den Kunden etwas zu verkaufen und ihnen zur Verfügung zu stehen.

3. Beispiel: *Kontaktfreudigkeit*
   Sie knüpfen rasch Verbindungen zu den anderen Teammitgliedern. Nutzen Sie dieses Talent, um das Team zusammenzuschließen. Ihre natürlichen sozialen Fähigkeiten verleihen den Teambeziehungen Energie. Das unterstützt den Aufbau von Synergien und kann dafür sorgen, dass Teamverkäufe mehr Spaß machen.

4. Beispiel: *Vorstellungskraft*
   Durchdringen Sie das Team mit Ihren neuen Ideen und Gedanken. Bieten Sie Einblicke, die jenseits des Durchschnitts liegen. Fordern Sie Ihr Team heraus, mit innovativen Methoden Zusammenhalt zu schaffen, während es Ihren Kunden beispielhaften Service bietet. Ihre Kreativität lässt die Sache frisch und interessant bleiben; gleichzeitig schafft das Team bessere Lösungen für Ihre Kunden.

5. Beispiel: *Strategie*

    Lassen Sie Ihr Team nach Alternativen und unterschiedlichsten Wegen zum Erfolg suchen. Durch das Nachdenken über verschiedene Lösungen erweitern Sie die Fähigkeit des Teams, über Plan A hinauszudenken, nur für den Fall, dass der Kunde andere Bedürfnisse hat. Ermutigen Sie die Teammitglieder, einander Feedback für diese alternativen Strategien zu geben, um belastbarere Kundenlösungen zu finden.

10

Emotionale Kundenbindung

Die zentralen Punkte dieses Kapitels

➤ Negative und bevormundende Beziehungen zu Kunden machen Sie zu einem Verkäufer, aber nicht zu einem Partner. Durch den Aufbau tiefer gehender Beziehungen können Sie für Ihre Kunden zu einem vertrauenswürdigen Partner werden.

➤ Tiefer gehende Kundenbeziehungen entwickeln sich durch den Aufbau von Vertrauen, Integrität, Stolz und Leidenschaft.

➤ Indem Sie Ihre einzigartigen Talente optimal nutzen, können Sie effizienter tiefer gehende Kundenbeziehungen von Dauer aufbauen.

Wir haben schon weiter oben von emotionaler Kundenbindung gesprochen und viele Unternehmen glauben, sie im Griff zu haben. Die meisten Geschäfte haben zwar irgendeine Art von Kundenzufriedenheitsprogramm, aber ganz ehrlich, wir glauben nicht, dass die viel bewirken. Kundenzufriedenheit ist *nicht* dasselbe wie emotionale Kundenbindung. Zufriedenheit ist vielleicht eine notwendige Voraussetzung für den Aufbau starker Kundenbeziehungen, aber sie ist keine besonders gute Prognose für das zukünftige Kundenverhalten – oder für die finanzielle Leistungsfähigkeit einer Organisation.

Unsere Untersuchungen haben ergeben, dass sich emotional gebundene Kunden zwei Gruppen zuordnen lassen: »emotional vollkommen gebunden« und »rational gebunden«. Emotional vollkommen gebundene Kunden besitzen eine starke emotionale Bindung an Ihr Unternehmen und Ihre Produkte und Dienstleistungen; rational gebundene Kunden nur bedingt. Kunden, die emotional vollkommen gebunden sind, stellen für eine Organisation einen bedeutenden Wert dar. Sie kaufen mehr Produkte und geben mehr Geld dafür aus; sie kommen öfter zu Ihrem Geschäft zurück und bleiben länger Ihre Kunden. Lediglich rational gebundene Kunden sind jedoch nicht loyal und verhalten sich nicht anders als unzufriedene Kunden.

Tatsache ist, dass weiche Faktoren wie Emotionen für die Kunden zählen. Simon Cooper, ehemaliger President und CEO der Ritz-Carlton Hotel Company, formulierte es treffend: »Wenn es um Kunden geht, sind Gefühle Tatsachen.« Wir müssen uns darüber im Klaren sein, dass wir nicht nur in einer rationalen Verkaufsumgebung leben und arbeiten, sondern auch in einer emotionalen. Was die Kundenbindung anbelangt, so kann das Erfüllen ihrer emotionalen Bedürfnisse ebenso wichtig sein wie das ihrer rationalen Anforderungen.

»Mein bester Verkauf kam vermutlich zustande, weil sie wussten, dass ich zu dem stehen würde, was ich sage«, sagte John Wells von Interface. Johns Talente *Überzeugung* und *Einzelwahrnehmung* sind unschwer zu erkennen. Seine *Überzeugung* vermittelt ein echtes Gefühl von Wert und seine *Einzelwahrnehmung* hilft ihm, sich auf die einzigartigen Wünsche des Kunden zu konzentrieren. »Meine persönliche Integrität und die Beziehung waren das, worauf sie vertrauten. Natürlich, das Produkt musste ihre Anforderungen erfüllen, aber ich glaube, dass sie auch nach einer Beziehung suchten.« Diese Beziehung nennt sich emotionale Kundenbindung.

Die Emotionen der Kundenbindung

Abgesehen von den rationalen Komponenten baut die emotionale Kundenbindung auf einer Hierarchie von vier emotionalen Bedürfnissen auf:

> ➤ Die erste, das Fundament, ist das Gefühl des *Vertrauens*, dass Sie und Ihre Firma Ihre Versprechen einhalten, tagein, tagaus.

> ➤ Die zweite Dimension ist *Integrität* – der Kunde glaubt, dass Sie ihn fair behandeln und seine Probleme rasch lösen.

> ➤ Die dritte Dimension ist *Stolz*, mit Ihrem Unternehmen verbunden zu sein. Kunden möchten im Zusammenhang mit den von ihnen getroffenen Entscheidungen ein gutes Gefühl haben und sich selbst als fähig und kompetent empfinden. Ein Unternehmen, das seine Kunden genau dies spüren lässt, erzeugt bei ihnen starke positive Assoziationen.

> ➤ Die vierte Ebene ist *Leidenschaft*. Leidenschaftliche Kunden beschreiben ihre Beziehung zu Ihnen als unersetzlich und als die perfekte Entsprechung ihrer Wünsche – sie kämen ohne Sie einfach nicht zurecht. Leidenschaftliche Kunden sind selten. Nur 18 Prozent der Kunden sind leidenschaftlich von einer Marke überzeugt. Aber sie sind Kunden fürs Leben und sie sind Ihre besten Fürsprecher.

Wenn Kunden spüren, dass diese emotionalen Bedürfnisse bei jedem Geschäftsvorgang mit Ihnen erfüllt werden, werden sie viel eher eine emotionale Bindung an Ihre Firma entwickeln. »Es geht um Vertrauen, Loyalität, Respekt, inwieweit die Leute Sie als ihresgleichen betrachten«, sagte Geoff Nyheim von Microsoft Online Services. »Egal an wen Sie verkaufen, betrachten sie Ihr Unternehmen als eins, das sie mögen, dem sie vertrauen, das sie respektieren? Kümmern Sie sich genügend um ihr Geschäft, ihre Mitarbeiter, ihre Strategie, ihr Führungsmodell, ihren Vergütungsplan? Und vermitteln Sie dabei ein Gefühl der Echtheit?«

Sie haben wahrscheinlich enge Bindungen an eine oder zwei Firmen oder Marken. Ohne welches Produkt oder welche Dienstleistung könnten Sie nicht leben? Was hat dieses Unternehmen – und die dort arbeitenden Menschen – getan, um Sie zu begeistern? Zweifellos fühlen Sie sich im geschäftlichen Umgang mit ihnen vollkommen sicher. Sie wissen, dass sie halten, was sie versprechen. Sie sind stolz auf die Produkte oder Dienstleistungen, die sie anbieten, und Sie haben das Gefühl, dass sie Ihre Persönlichkeit perfekt ergänzen. »Ich bin total abhängig von Starbucks«, erwähnte ein Kollege. »Ich mag alles, was sie anbieten, und jeden, der dort arbeitet. Ich hole mir jeden Morgen vor der Arbeit da meinen Kaffee. Und selbst am Wochenende gehe ich morgens hin. Wenn Starbucks einmal keinen Kaffee mehr verkauft, höre ich auf, Kaffee zu trinken.« *Das* ist ein emotional vollkommen gebundener Kunde.

Was unternimmt Ihre Firma, um derart emotional vollkommen gebundene Kunden zu schaffen? Was können Sie tun, um den Kunden mehr Vertrauen, Integrität, Stolz und Leidenschaft zu vermitteln? Und vor allem: Warum sollten Sie überhaupt? Ganz einfach – weil emotional vollkommen gebundene Kunden Ihnen und Ihrer Firma weitaus mehr Wert bieten als zufriedene. Solch vollauf begeisterte Kunden – diejenigen mit einer starken emotionalen Verbindung – bieten im Vergleich zu Durchschnittskunden 23 Prozent Vorsprung in den Bereichen Kundenausschöpfung, Profitabilität, Umsatz und Beziehungswachstum. Aktiv ungebundene Kunden – diejenigen, die keine emotionale Verbindung zu einer Firma haben – stellen einen Abschlag von 13 Prozent dar. Und Geschäftseinheiten, deren Kundenbindungslevel unter den obersten 25 Prozent der Kundenbindungsmessungen von Gallup liegt, übertreffen im Allgemeinen alle anderen Einheiten ihrer Organisation bei den Werten für Gewinn-beitrag, Verkauf und Wachstum im Verhältnis zwei zu eins.

Gebundene Kunden dagegen sind nicht loyaler als nicht gebunde-ne Kunden und geben auch nicht so viel aus wie emotional voll-kommen gebundene Kunden. Als Gallup die emotionale Kunden-bindung bei einer großen amerikanischen Privatbank untersuchte, stellte sich heraus, dass die Abwanderungsquote bei emotional nicht gebundenen Kunden 5,8 Prozent betrug – kaum anders als die Ab-wanderungsquote von 6 Prozent der gebundenen Kunden –, wäh-rend die der emotional vollkommen gebundenen Kunden bei nur 3,8 Prozent lag. Und im Rahmen einer Studie bei einem Kreditkar-tenunternehmen stellte Gallup fest, dass emotional vollkommen ge-bundene Kunden innerhalb von zwölf Monaten ihre Ausgaben um 67 Prozent erhöhten, während gebundene Kunden lediglich 8 Pro-zent mehr kauften.

Kunden emotional binden

Leider gibt es keine Zauberformel, um Kunden emotional zu binden. Emotionale Kundenbindung betrifft jede Interaktion eines Kunden mit Ihrem Unternehmen, deshalb können Sie das auch nicht allei-ne bewerkstelligen. Selbst wenn Sie der begeisterndste Verkäufer der Welt sind, können Sie nicht jeden Aspekt der Gestaltung, der Her-stellung, des Vertriebs und der Abläufe im Kundendienst kontrol-lieren. All diese Dinge wirken sich darauf aus, ob Ihr Kunde Ihrem Produkt oder Ihrer Dienstleistung Integrität zuschreibt und sie für etwas hält, dem er vertrauen, auf das er stolz sein und für das er sich begeistern kann.

Es gibt jedoch bedeutende Elemente der Begeisterung, auf die der Verkäufer Einfluss hat. Vor allem betrifft dies die emotionale Verbin-dung, die ein Kunde mit dem Unternehmen hat. Gallup untersuchte die Gehirnaktivitäten emotional vollkommen gebundener Kunden im Vergleich zu weniger gebundenen Kunden unter Verwendung einer funktionellen Magnetresonanztomografie. Bei der Analyse der Ergebnisse stellte sich heraus, dass die emotionalen Zentren in ihren Gehirnen aufleuchteten, wenn die Kunden an ihre bevorzugten Marken dachten – also an die, für die sie sich am meisten begeistern konnten, an die sie emotional vollkommen gebunden waren. Mit am stärksten war der Effekt in jenem Teil des Gehirns, der für das Erkennen von Gesichtern zuständig ist. Mit anderen Worten: Wenn die Kunden an diejenigen Unternehmen dachten, die sie am meisten begeisterten, rief das Bilder der Menschen wach, mit denen sie dort zu tun hatten. Das legt nahe, dass die menschliche Bindung eine mächtige Quelle der Begeisterung ist, und unterstreicht die Rolle jedes einzelnen Mitarbeiters für den Aufbau von emotionaler Kundenbindung bei jedem Kundenkontakt.

Sie sollten tun, was Sie können, um eine Verbindung zu Ihren Kunden herzustellen durch den Aufbau starker Beziehungen, die auf Vertrauen und Fairness basieren – Beziehungen, die Ihren Kunden sich fähig, kompetent und clever fühlen lassen –, und ihm unmissverständlich deutlich machen, dass Sie und Ihr Unternehmen nicht ersetzt werden können. Wie Sie diese menschliche Bindung herstellen, hängt von Ihren Talenten und Stärken ab. Wenn Sie beispielsweise keine Kontakte durch Esprit und lockeres Plaudern herstellen können, sollten Sie nicht jetzt damit anfangen wollen. Das lässt Sie nur unsicher und linkisch wirken. Schaffen Sie die emotionale Kundenbindung stattdessen auf Ihre eigene Art.

Mark verkauft Laborausstattungen und seine Stärken sind *Wettbewerbsorientierung*, *Wissbegier* und *Disziplin*. Menschen mit starker Wettbewerbsorientierung wollen ihre eigenen Kollegen und die in anderen Organisationen übertreffen. Wissbegierige schätzen Kenntnisse und Entdeckungen. Und Disziplin treibt Menschen dazu, in ihrem Leben Strukturen zu schaffen. Diese Stärken machen den engagierten, forschenden, gut organisierten Mark für seine Tätigkeit ziemlich gut geeignet. Sie machen ihn aber nicht aufgeschlossen. Marks Kennenlerntaktiken bestanden aus Plaudereien im Vorübergehen. Er war so beschäftigt mit den Zahlen und der Planerfüllung, dass er Gelegenheiten verpasste, um emotionale Kundenbindungen aufzubauen, was seine Beziehungen oberflächlich und unverbindlich wirken lassen konnte. Die meisten Kunden brauchen eine stärkere Bindung. Aufgrund dieser Überlegung sortierte Mark seine Talente, um seine Schwächen zu überwinden.

Er begann damit, seine *Wettbewerbsorientierung* eher auf langfristige als auf kurzfristige Gewinne zu orientieren. Das war nicht so schwer. Schwieriger war es, seine *Wissbegier* neu auszurichten; Mark dachte, er *kenne* seine Kunden. Er wusste, dass der Kunde in Yakima eine fast schon antike Zentrifuge hatte. Er wusste, dass der Hydrocollator des Kunden in Boise City der beste auf dem Markt war. Er wusste, dass die Phlebologin in Seattle ihre Untersuchungsliege mit gefalteten Papiertüchern abdeckte. Was sollte es denn sonst noch zu wissen geben?

Erst als er zu einem Stärken-Coach ging, wurde Mark deutlich, dass er seine Kunden überhaupt nicht kannte – er kannte nur ihre Labore. Mark musste seine *Wissbegier* auf die Menschen lenken, nicht auf die Produkte. Marks Coach sagte ihm, er solle sich selbst als Übungsmodell benutzen, also dachte Mark darüber nach, was seine besten Freunde über ihn wussten: seine Vorlieben, seine Abneigungen, Informationen über seine Kinder, sogar sein Lieblings-Baseballteam. Was dabei herauskam, verwandelte er in Fragen, die er seinen Kunden stellen konnte. Er hörte zwar nicht auf, nach ihren Pulsoximetern zu fragen, aber er begann auch, sich nach ihren Familien, ihrem Urlaub und ihrem Leben zu erkundigen.

Inzwischen drängte Marks Disziplin ihn dazu, das Gelernte zu systematisieren. Er legte über jeden seiner Kunden eine Akte an. Er notierte ihren Bedarf an Laborausstattung, aber er schrieb auch auf, dass Maryanne in Tacoma Orange hasst und dass Ang in Salt Lake ein Packers-Fan ist. Er fügte seinen Akten sogar einen Zeitplaner hinzu, um sicherzustellen, dass er jeden Kunden mindestens zweimal im Monat aufsuchte – kein Plaudern im Vorübergehen mehr, keine Fast-Anonymität mit Menschen, die er seit Jahren »kannte«.

Klingt kompliziert? Ist es aber nicht. Mark brauchte nicht einmal zwei Stunden, um sein System zu entwickeln, und es nutzt seine natürlichen Tendenzen, die Dinge ins Rollen zu bringen und bei der

Sache zu bleiben. Für den einen oder anderen hört es sich vielleicht belanglos oder alltäglich an. Das ist prima. Vielleicht wollen oder müssen Sie nicht das tun, was Mark getan hat – aber Sie können die Verbindung zu Ihren Kunden auf Ihre eigene Weise herstellen.

Um Ihnen dabei behilflich zu sein, stellen wir Ihnen eine Kundenbefragung zur Verfügung, die aus neun Fragen besteht (siehe Kasten »Kundenbefragung«). Vielleicht möchten Sie einem Kunden alle neun Fragen stellen oder Sie möchten eine oder zwei davon ins Gespräch einfließen lassen. So oder so, es ist eine gute Methode, Ihre Beziehung aufzubauen. Natürlich tun viele gute Verkäufer das sowieso schon, ohne darüber nachzudenken. Aber wenn man *bewusst* seine Stärken koordiniert und auf Begeisterung hinarbeitet – die eigene und die des Kunden –, stellt das für die Leistung einen großen Unterschied dar.

Kundenbefragung

➤ Ganz allgemein, was funktioniert gut als Ergebnis unserer Partnerschaft?

➤ Welche Elemente dieser Beziehung helfen uns, gemeinsam solide Ergebnisse zu erzielen?

➤ Gibt es irgendetwas, das nicht so gut läuft, wie es sollte?

➤ Was könnten wir verändern, um das zu korrigieren?

➤ Arbeiten Sie derzeit an irgendwelchen Aufgaben, bei denen ich Ihnen behilflich sein könnte, um Ihr Geschäft erfolgreicher zu machen?

➤ Gibt es irgendeine Information oder Schulung, die Sie brauchen, aber nicht bekommen können?

➤ Wenn Sie einen Punkt unserer Zusammenarbeit ändern könnten, welcher wäre das?

➤ Was würden Sie an unserer Zusammenarbeit auf keinen Fall ändern?

➤ Gibt es noch irgendetwas, das uns dabei helfen könnte, eine noch stärkere Arbeitsbeziehung aufzubauen?

Kein Verkäufer mehr

Kunden, die nicht sehr emotional gebunden oder sogar gleichgültig sind, betrachten Sie als Verkäufer. Verkäufer bieten die benötigten Waren und Dienstleistungen zu einem fairen Preis. Wenn die Zufriedenheit mit diesem Angebot nachlässt oder die Wahrnehmung eines guten Preis-Leistungs-Verhältnisses sich verändert, ist die Verkäuferbeziehung in Gefahr. Kunden feilschen die ganze Zeit und beklagen sich schnell und nur selten ist die Beziehung für beide Seiten ein Gewinn. Das Folgende ist ein Beispiel für eine negative Beziehung.

Negative Beziehungen sind Preisbeziehungen und sie haben kaum etwas mit Begeisterung zu tun. »Es sind ›Hoffnungsaufträge‹«, sagte Ron Barczak von Stryker. »Man gibt ihnen Informationen und dann hofft man, dass man den Auftrag kriegt.« Wenn Sie sich in einer negativen Beziehung befinden, sind Sie nur so gut wie Ihr Preis. »Sie machen den Deal, weil Sie den niedrigsten Preis angesetzt haben«, sagte ein Vertreter. »Und Sie werden einen Augenblick der Freude haben, nämlich wenn Sie den Zuschlag bekommen. Aber von diesem Punkt an machen Sie sich nur noch Sorgen darüber, wann Sie das Geschäft wohl wieder verlieren.«

Anzeichen einer negativen Beziehung:

➤ Ihr Kunde braucht oder wünscht Ihren Besuch nicht. Den größten Teil des Geschäfts wickeln Sie telefonisch oder, schlimmer noch, per E-Mail ab, und das zumeist über eine Sekretärin.

➤ Ihr Kunde drängt Sie dauernd zu einem Preisnachlass.

➤ Ihr Kunde deutet häufig an, dass er auch anderswo kauft.

➤ Ihr Kunde lässt Sie gegen Verkäufer anderer Unternehmen antreten.

➤ Sie wissen nichts über den Kunden oder sein Geschäft, was nicht unmittelbar Ihr Produkt oder Ihre Dienstleistung angeht.

➤ Ihr Kunde vertraut Ihnen nicht.

➤ Sie denken mehr über den nächsten Verkauf nach als über die aktuelle Situation des Kunden.

➤ Sie denken weitaus mehr darüber nach, wie der Verkauf Ihnen nützen kann, als darüber, wie er dem Kunden nützen kann.

Nehmen wir den Verkauf von Autos als Beispiel für eine preisbezogene, negative Beziehung. Menschen, die keine bestehende Beziehung zu einem Autoverkäufer haben, kommen im Allgemeinen mit einem einzigen Gedanken in ein Autohaus: der Preis. Die Verkäufer wissen: Wenn sie ihnen den niedrigsten Preis bieten, verkaufen sie Autos. Und da die meisten von ihnen den Auftrag haben, Autos zu verkaufen und nicht Kunden zu begeistern, konzentrieren sich die Verhandlungen auf den Preis. Sie versuchen also, auf jede nur erdenkliche Weise Geld zu machen – indem sie Dinge wie Garantien, Bodenmatten und Optionen verkaufen. Sie ziehen den Vorgang in die Länge und sie lassen den Kunden länger warten als nötig, weil sie der Meinung sind, wenn sie den Kunden schon nicht zum Bezahlen kriegen, wollen sie ihn wenigstens dafür »bezahlen« lassen. Infolgedessen ist die Verbraucherloyalität gegenüber den Händlern bekanntermaßen gering, selbst wenn der Kunde zufrieden ist.

Richtungsbeziehungen sind besser als negative Beziehungen, aber nicht viel besser. Bei Richtungsbeziehungen machen die Verkäufer den Vorkaufsvorgang eher erträglich als kläglich. Der Kunde hat den Eindruck, dass der Verkäufer gerade genug tut, um voranzukommen, aber auch nicht mehr.

Dies sind einige Anzeichen für eine Richtungsbeziehung:

➤ Sie wissen gerade genug, um die grundsätzlichen Kundenfragen zu beantworten.

➤ Sie neigen dazu, allen Kunden denselben Rat zu erteilen, und er beruht vor allem auf dem, was Sie über Ihr eigenes Geschäft wissen, nicht so sehr über seins.

➤ Die Kunden würden ihre Begegnung mit Ihnen als »nett« oder »nichts Besonderes« beschreiben.

> Sie denken mehr an den nächsten Verkauf als an Ihre momentane Situation.

> Sie denken weitaus mehr daran, wie die Situation Ihnen von Vorteil sein kann als dem Kunden.

Nehmen wir noch mal den Autoverkauf als Beispiel. Verkäufer in Richtungsbeziehungen werden versuchen, so schnell wie möglich vorzugehen, damit sie zum nächsten Verkauf übergehen können (oder zur Kaffeepause). Dieser Vorgang ist nicht unbedingt aggressiv, aber er ist auch nicht auf den Kunden ausgerichtet. Die Verkäufer versuchen nach wie vor, mehr zu verkaufen, aber sie beantworten eher die Fragen des Kunden und bieten Informationen an. Sie weisen vielleicht auf einige Dinge hin, die der Kunde beim Preisvergleich nicht bedacht hat, zum Beispiel Finanzierungsoptionen oder Rabatte. Doch letztlich sind ihre Vorschläge eigennützig, und wenn der Kunde geht, hat er nicht unbedingt den Wunsch, hier noch einmal etwas zu kaufen – oder das Autohaus weiterzuempfehlen.

Tiefer gehende Beziehungen sind der springende Punkt beim Verkauf und alle Verkäufer sollten diese Art der Kundenbeziehung anstreben. Der Preis ist hier nicht mehr das Hauptthema. Ihr Kunde betrachtet Sie als Partner. Und Sie fangen an, sich auch so zu verhalten.

So können Sie erkennen, ob Sie sich in einer tiefer gehenden Beziehung befinden:

> Sie kennen alle wichtigen Leute im Geschäft des Kunden, darunter auch die Support-Mitarbeiter und das Einsatzteam. Diese kennen und mögen Sie ebenfalls.

> Sie arbeiten mit Ihren eigenen Produktentwicklern zusammen und finden Lösungen für jeden Kunden.

> Bei Schwierigkeiten ruft Ihr Kunde Sie an. Bei Erfolgsmeldungen ruft Ihr Kunde Sie an.

> Wenn Sie über diesen Kunden reden, verwenden Sie das Wort »wir«, egal mit wem Sie sich unterhalten.

➤ Sie wissen, wann und wo Ihr Kunde Probleme hat, und Sie verwenden viel Zeit darauf, nach Hilfsmöglichkeiten zu suchen.

➤ Sie wären aufrichtig bekümmert, wenn Sie den Kunden verlören, und genauso geht es dem Kunden mit Ihnen.

Kommen wir noch einmal zum Autoverkauf zurück, aber diesmal mit einem positiven Beispiel, das uns der Autokäufer Kevin berichtete. »Als wir unser zweites Kind bekamen, sagte meine Frau, wir müssten einen Minivan haben«, erzählte Kevin. »Wir gingen also in ein Autohaus und wir waren zum Kauf bereit, falls wir etwas zum gewünschten Preis finden sollten. Um ehrlich zu sein, ich wollte es einfach hinter mich bringen. Aber wir waren kaum eingetreten, als Joyce auftauchte.«

Kevin sagte, dass er sich normalerweise davon unter Druck gesetzt gefühlt hätte, weil er sich gerne ein bisschen umsieht, ehe es in die Preisverhandlungen geht. Aber Joyce fing nicht mit Preisverhandlungen an; stattdessen stellte sie Fragen zu den Bedürfnissen seiner Familie. »Ich habe noch nie gerne Autos gekauft, also legte ich los – ich sagte ihr alles, was wir über den Minivan herausgefunden hatten, den wir haben wollten, angefangen mit dem Preis, den wir zu zahlen bereit waren«, sagte Kevin. Joyce erklärte ihm, dass seine Daten korrekt und seine Recherchen gründlich seien. »Aber sie hat mir nicht das Auto, das ich wollte, zu dem von mir genannten Preis verkauft, einfach damit ich das Ding kaufe und verschwinde. Sie fragte uns, wozu wir das Auto in erster Linie brauchen würden, und wir sagten, um die Kinder herumzufahren«, sagte Kevin.

Darauf fragte Joyce, ob sie auch einen Gebrauchtwagen in Betracht gezogen hätten. »Ich sagte Nein, weil ich will, dass meine Kinder und meine Frau sicher sind, und ich traue Gebrauchtfahrzeugen nicht so recht«, sagte Kevin. »Joyce hatte dafür Verständnis. Sie sagte, sie würde nicht davon leben können, anderen Leuten riskante Autos zu verkaufen.« Aber das Autohaus hatte einige sehr zuverlässige, wenig gefahrene Fahrzeuge, die durch eine gründliche Inspektion gegangen waren – und insbesondere eins davon wurde in allen Sicherheits- und Haltbarkeitskategorien viel höher bewertet als der neue Minivan, den Kevin und seine Frau ins Auge gefasst hatten. »Es lief darauf hinaus, dass wir Geld sparten bei einem viel sichereren Fahrzeug als dem, das wir ursprünglich haben wollten.«

»Joyce hätte das nicht machen müssen. Sie hätte eine größere Provision bekommen, wenn sie uns das verkauft hätte, was wir zunächst wollten«, sagte Kevin. »Sie versuchte, wirklich herauszufinden, wie sie uns helfen konnte. Sie hoffte nicht bloß darauf, uns mehr Geld aus der Tasche zu ziehen. Sie wollte uns helfen, das richtige Auto für unsere Ansprüche zu bekommen. Also, ich werde keinen Minivan fahren. Aber ich muss auch eine vierköpfige Familie in mein Auto hineinkriegen.« Kevin fährt einen 2008er Mustang, also wird er mit einiger Sicherheit ein anderes Auto benötigen. »Und es ist ja wohl klar, dass ich zu Joyce gehen werde«, sagte er.

Das ist eine tiefer gehende Begegnung, zumindest der erste Schritt zu einer tiefer gehenden Beziehung. Wenn Joyce diesen Weg fortsetzt, wird Kevin weiterhin Geschäfte mit ihr machen, und er wird seine Freunde ermuntern, dasselbe zu tun. Und Joyce nimmt denjenigen Verkäufern das Geschäft weg, die Kunden mit negativen und Richtungsbeziehungen abfertigen.

Angewandte Stärken: Emotionale Kundenbindung

Im Folgenden stellen wir Ihnen einige Ideen vor, wie man unter Einsatz bestimmter Talentthemen Kunden begeistern kann. Besinnen Sie sich jetzt auf Ihre Talente und Stärken und lassen Sie sich ein paar Möglichkeiten einfallen, wie Sie anhand Ihrer eigenen fünf stärksten Talentthemen effektivere Kundenbindungen herstellen können.

1. Beispiel: *Kommunikationsfähigkeit*
   Suchen Sie nach Möglichkeiten, die Ihnen zur Verfügung stehenden Informationen miteinander zu verknüpfen, sodass sie Ihrem Kunden von Nutzen sind. Geben Sie diese Informationen

und Geschichten über Dinge, die für Ihren Kunden wichtig sind, an ihn weiter, um Ihre Verbindung zu ihm weiter zu vertiefen.

2. Beispiel: *Verantwortungsgefühl*
   Wenden Sie Ihr Verantwortungsgefühl an, um Ihren Kunden zu zeigen, dass Sie sich für Ihre Partnerschaft mit ihnen engagieren. Zeigen Sie ihnen, dass Sie die Beziehung unabhängig von der Dauer Ihrer Zusammenarbeit ernst nehmen und Ihre Versprechen einhalten.

3. Beispiel: *Fokus*
   Setzen Sie kurzfristige und langfristige Ziele, die für Sie und für Ihre Kunden von Vorteil sind. Nutzen Sie diese Vorgaben als Richtlinien, um Ihre Beziehung in eine positive und produktive Richtung wachsen zu lassen. Machen Sie die Ziele, wo immer möglich, an Zahlen und Messwerten fest, damit Sie wissen, wann Sie Ihre Vorgaben erreicht haben.

4. Beispiel: *Einzelwahrnehmung*
   Nehmen Sie sich die Zeit, Ihre Kunden wirklich zu verstehen. Finden Sie heraus, was sie besonders macht. Welches sind ihre Hobbys und Interessen? Welches sind ihre Stärken? Was wissen Sie über ihre Familien und ihre beruflichen Aufgaben? Sie sind Menschen. Lernen Sie sie kennen.

5. Beispiel: *Tatkraft*
   Heben Sie sich durch Ihre Handlungen von anderen ab. Was tun Sie, das anders und bedeutsam für Ihre Kunden ist? Inwiefern unterscheidet Ihr schnelles Handeln Sie von der Masse? Agieren Sie, aber sorgen Sie dafür, dass Sie damit tiefer gehende Beziehungen zu Ihren Kunden aufbauen.

11

Emotionale Mitarbeiterbindung

Die zentralen Punkte dieses Kapitels

➤ Ein stärkenorientierter Ansatz schafft eine höhere emotionale Mitarbeiterbindung. Wenn Sie Ihre Stärken mit Ihrer täglichen Arbeit verknüpfen, erhöht das Ihre Aussichten auf emotionale Bindung.

➤ Es gibt 12 Elemente der emotionalen Mitarbeiterbindung. Der Schlüssel zum Umgang mit Ihrer emotionalen Bindung ist es, sie alle zu kennen und zu begreifen.

➤ Ein höherer Grad an emotionaler Mitarbeiterbindung führt zu besseren Leistungen und stärkeren, positiveren Kundenbeziehungen.

Als Carls Unternehmen beschloss, seine Niederlassung in Richmond, Virginia, zu schließen, bekam jeder eine Stelle in der Niederlassung Roanoke angeboten. Viele der Mitarbeiter aus Richmond kündigten daraufhin, aber nicht so Carl. Obwohl es bedeutete, dass er seine Kinder aus der Schule nehmen musste, dass er seine Frau zur Aufgabe ihres Jobs überreden musste und dass ihm angesichts des düsteren Wohnungsmarktes erhebliche Umzugskosten entstanden, zog Carl niemals in Erwägung, die Firma zu verlassen. »Dieses Unternehmen hat mich gut behandelt«, sagte er während des kontroversen Meetings, das die Firma einberufen hatte, um die Schließung zu diskutieren. »Und ich finde, jetzt bin ich an der Reihe, mich für sie einzusetzen.« Carl ist übrigens Hausmeister – und ein emotional hoch gebundener Mitarbeiter.

Wenn Sie Ihre natürlichen Talente in Ihrem Beruf anwenden, und zwar so sehr, dass Sie sie in Stärken umwandeln, sind Sie wahrscheinlich ein emotional gebundener Mitarbeiter. Aber emotionale Mitarbeiterbindung ist mehr, als nur den Job zu mögen, genau wie emotionale Kundenbindung mehr ist als Zufriedenheit mit einem Produkt, einer Dienstleistung oder einem Geschäft. Emotionale Mitarbeiterbindung ist eine emotionale und psychologische Bindung an Ihre Arbeit und Ihren Arbeitgeber. Es ist »ein innerer Wunsch und eine Leidenschaft für herausragende Leistung. Emotional gebundene Mitarbeiter wollen den Erfolg ihres Unternehmens, weil sie sich emotional, sozial und sogar spirituell mit seiner Mission, seiner Vision und seinem Zweck verbunden fühlen«, schrieben John Fleming und Jim Asplund in *Human Sigma: Managing the Employee-Customer Encounter.*

Emotionale Bindung bei der Arbeit

Wenn Sie Ihre Stärken zum Einsatz bringen, fühlt die Arbeit sich mühelos an, der Druck ist gut auszuhalten und Sie werden vermutlich mehr Erfüllung in Ihrer Tätigkeit finden. Wenn Sie etwas tun, worin Sie wirklich gut sind, fühlt sich das leicht und ganz natürlich an. Die Erfahrung solcher persönlicher Befriedigung kann süchtig machen – auf eine gute Art. Sie treibt Sie dazu an, besser zu werden, höhere Ansprüche zu stellen und mehr zu leisten, als Sie für möglich gehalten hätten. Wenn Sie dieses Gefühl am Arbeitsplatz auslösen können, entwickeln Sie eine psychologische Bindung an Ihren Job. Eine Arbeit, die solche Gefühle hervorrufen kann, lässt Sie das Optimale aus Ihren Talenten herausholen und belohnt Sie mit Anerkennung und weiteren Chancen. Wenn all diese Bestandteile vorhanden sind, befinden Sie sich wahrscheinlich auf dem Weg zum emotional hoch gebundenen Mitarbeiter. Es gibt keine bessere Methode, seinen Lebensunterhalt zu verdienen.

Fördert der Arbeitsplatz jedoch diese emotionale Bindung nicht, ist es schwieriger, sich zu engagieren. »Letztes Jahr wollte meine Firma, dass wir von zu Hause aus arbeiten. Das war schon okay, aber mir wurde klar, dass ich mit Unabhängigkeit ein echtes Problem habe«, sagte ein Vertreter, zu dessen stärksten Talentthemen *Kontaktfreudigkeit* zählt. »Ein Telefongespräch ist nicht dasselbe, als wenn man persönlich vor Ort ist. Mein Engagement ließ ein bisschen nach und es hat sich definitiv auf meine Leistung und meine innere Einstellung ausgewirkt.« Aufgrund der starken Kontaktfreudigkeit dieses Vertreters war alleine zu arbeiten eine Unterbrechung seiner emotionalen Bindung an den Job. Und dies hat umfassende Auswirkungen auf die emotionale Mitarbeiterbindung.

Für Unternehmen ist die emotionale Mitarbeiterbindung besonders wertvoll, weil engagierte, also emotional gebundene Arbeitskräfte produktiver sind und mehr verkaufen. Viele Firmen sagen, ihr wertvollstes Gut seien ihre Angestellten, aber das stimmt nicht. Ihr wertvollstes Gut sind ihre *emotional gebundenen* Angestellten.

Emotionale Mitarbeiterbindung ist gut für Ihre Organisation, aber sie ist auch gut für Sie selbst. Nach Gallup-Untersuchungen verkaufen Sie umso mehr, je gebundener Sie sind. Darüber hinaus belegen die Studien auch einen starken Zusammenhang zwischen höherer emotionaler Mitarbeiterbindung und Gesundheit. Mitarbeiter mit höherer emotionaler Bindung haben geringere Cholesterin- und Triglyceridwerte. Und bei gebundenen Mitarbeitern wird nur halb so oft eine klinische Depression diagnostiziert – sowie 40 Prozent weniger Angststörungen – als bei bewusst nicht gebundenen Mitarbeitern. Sie haben auch bessere Werte bei der Lebensqualität: 60 Prozent derjenigen, die sich bei ihrer Arbeit engagieren, geben an, dass sie sich blühender Gesundheit erfreuen; im Gegensatz dazu wird blühende Gesundheit nur von 28 Prozent der bewusst nicht gebundenen Arbeitskräfte empfunden. Darüber hinaus stellte Gallup eine wichtige Überschneidung von Stärken und emotionaler Mitarbeiterbindung fest: Je mehr man seine Stärken einsetzen kann, desto wahrscheinlicher ist die emotionale Mitarbeiterbindung.

Der Kern der emotionalen Mitarbeiterbindung

Seit Jahrzehnten nimmt Gallup Untersuchungen der emotionalen Mitarbeiterbindung vor. Wir stellten Millionen von Angestellten Hunderte verschiedener Fragen, um diejenigen herauszufinden, die hoch leistungsstarke Arbeitsgruppen von den weniger leistungsstarken nachhaltig unterscheiden. Nach einer umfassenden Bearbeitung bildeten sich 12 Elemente heraus, welche die dauerhaftesten Verbindungen zu Leistung aufwiesen – die Q12. Diese Punkte waren auch am besten geeignet, um zu erfassen, wie gut Unternehmen die zentralen Ansprüche von Mitarbeitern an ihre Arbeit erfüllten.

Diese 12 Elemente bilden den Kern der emotionalen Mitarbeiterbindung:

1. Ich weiß, was bei der Arbeit von mir erwartet wird.

2. Ich habe die Materialien und Arbeitsmittel, um meine Arbeit richtig zu machen.

3. Ich habe bei der Arbeit jeden Tag die Gelegenheit, das zu tun, was ich am besten kann.

4. Ich habe in den letzten sieben Tagen für gute Arbeit Anerkennung oder Lob bekommen.

5. Mein Vorgesetzter/Meine Vorgesetzte oder eine andere Person interessiert sich für mich als Mensch.

6. Bei der Arbeit gibt es jemanden, der mich in meiner Entwicklung fördert.

7. Bei der Arbeit scheinen meine Meinungen zu zählen.

8. Die Ziele und die Unternehmensphilosophie meiner Firma geben mir das Gefühl, dass meine Arbeit wichtig ist.

9. Meine Kollegen und Kolleginnen haben einen inneren Antrieb, Arbeit von hoher Qualität zu leisten.

10. Ich habe einen sehr guten Freund/eine sehr gute Freundin innerhalb der Firma.

11. In den letzten sechs Monaten hat jemand in der Firma mit mir über meine Fortschritte gesprochen.

12. Während des letzten Jahres hatte ich bei der Arbeit die Gelegenheit, Neues zu lernen und mich weiterzuentwickeln.

Copyright © 1993–1998 Gallup, Inc. Alle Rechte vorbehalten.

Wenn Gallup eine Einschätzung der emotionalen Mitarbeiterbindung vornimmt, lässt sich anhand der Antworten der Angestellten auf die Q12-Fragen bestimmen, wie effektiv die Führungskräfte und die Mitarbeiter einer Organisation bei der Erzeugung von emotionaler Bindung sind. Was sagen die Bindungswerte also für die Vorgesetzten aus? Die Antworten der Angestellten auf diese Fragen geben den Führungskräften einen Einblick, inwiefern die Bedürfnisse des Teams erfüllt werden. Die Ergebnisse zeigen, welche Ansprüche erfüllt werden und wo es Verbesserungsmöglichkeiten gibt. Sie helfen den Vorgesetzten auch, zu verstehen, welche Bedürfnisse nicht erfüllt werden, sodass sie mit den Angestellten an einer Lösung der Probleme arbeiten und die emotionale Mitarbeiterbindung erhöhen können. Sie schaffen eine Diskussionsgrundlage, wie man die Arbeitsumgebung auf lokaler Ebene verbessern kann.

Ihre emotionale Bindung

Für viele Verkäufer mag die emotionale Bindung an eine Firma oder ein Verkaufsteam irrelevant erscheinen, weil sie sich selbst für autonom halten. Die meisten Vertreter verbringen einen Großteil ihrer Zeit alleine, werden auf Provisionsbasis bezahlt und sind letztlich verantwortlich für die Pflege der Kundenbeziehungen. Diese Art der Unabhängigkeit kann die emotionale Bindung an ein Team oder einen Vorgesetzten unwichtig erscheinen lassen. Nun mag es zwar Menschen geben, die gerne in Ruhe gelassen werden, aber niemand möchte ignoriert werden. Wir alle können von Aufmerksamkeit, Beteiligung und einer zumindest gelegentlichen Partnerschaft profitieren. Also, wann engagieren Sie sich für Ihre Arbeit? Ein dickes Gehalt, beeindruckende Titel und schicke Büros sind nicht das Entscheidende, jedenfalls nicht auf lange Sicht.

Vorgesetzte haben einen enormen Einfluss auf die emotionale Mitarbeiterbindung. Die Gallup-Forschung hat gezeigt, dass Mitarbeiter nicht so sehr Firmen verlassen, sondern eher Chefs. Und ein guter Chef ist der sicherste Weg zu herausragenden Teams und individueller Leistung. Einige Chefs führen aber nicht so, wie Menschen geführt werden wollen oder müssen – sie führen so, wie man es ihnen beigebracht hat oder wie sie selbst gern geführt werden würden. Was bedeutet das für Sie? Um bei Ihrer Arbeit emotionale Bindung zu entwickeln und das Optimale aus Ihren Talenten zu machen, müssen Sie vielleicht die emotionale Bindung selbst in die Hand nehmen. Und das kann bedeuten, mit Ihrem Chef darüber zu sprechen, wie er Sie am besten unterstützen kann.

Ihre Beziehung zu Ihrem Vorgesetzten

Manche Menschen haben unglaublich talentierte Chefs, die schon als Vorgesetzte auf die Welt gekommen zu sein scheinen. »Die besten Chefs bieten Ihnen Unterstützung, Zusammenarbeit, Partnerschaft«, sagte ein Senior Vice President für Verkauf und Marketing bei einem Unternehmen für Gastronomiebedarf. »Einer meiner ersten Marketingleiter hat sich wirklich dafür eingesetzt, dass alles, was ich tat, mich näher an einen Abschluss heranbrachte. Und es gab nichts, das er nicht getan hätte, um mir dabei zu helfen. Ich weiß noch, eines Tages kam er in mein Büro und sagte: ›Lassen Sie uns einen Spaziergang machen.‹ Wir gingen also nach draußen und liefen einfach um den Parkplatz herum. Und er ließ mich darüber berichten, wo ich mit diesem großen Geschäft, an dem wir arbeiteten, gerade stand. Das war das ermutigendste, motivierendste Gespräch, das ich jemals mit einem Vorgesetzten geführt habe. Und wissen Sie, als das Ganze endlich geklappt hat, als wir den Abschluss bekamen, da hat er sich noch mehr für mich gefreut als ich.«

Wenn Sie so einen Vorgesetzten haben, machen Sie drei Kreuze und planen Sie ein Meeting, um über Ihre Stärken zu sprechen. Solche Vorgesetzten erfahren gerne etwas über Ihre Talente, weil sie gerne Methoden entdecken, um individuelle Fähigkeiten zu maximieren. Sie wollen ihre Leute wirklich erfolgreich sehen. Falls Sie nicht so einen Vorgesetzten haben, denken Sie darüber nach, wie Sie am besten ein Gespräch mit ihm anfangen, bei dem es um die Anwendung Ihrer Stärken im Verkauf geht. Eine Möglichkeit wäre, Ihre vorhergehenden Erfolge zu nutzen, um Ihre Glaubwürdigkeit zu stärken.

Nehmen wir zum Beispiel Gary, Vertreter eines Nahrungsmittelherstellers. »Mein Chef würde mich aus seinem Büro schmeißen, wenn ich irgendetwas vom Stapel lasse, das er für Verschwendung seiner Zeit hält, und das ist mehr oder weniger alles, woran er glaubt«, sagte Gary. »Also habe ich mir meine Verkaufszahlen der letzten achtzehn Monate besorgt und sie mit meinen Verkaufsberichten abgeglichen.« Gary konnte eine eindeutige Verbindung zwischen seinen Verkaufsaktivitäten und seiner Provision aufzeigen, die bewies, dass er umso bessere Leistung erbrachte, je mehr Zeit er mit persönlichen Gesprächen verwendete. »Ich hatte es schwarz auf weiß: Um die Ergebnisse zu erzielen, die er will, muss ich raus zu den Kunden«, sagte Gary. Und der Grund dafür ist schnell gefunden. Garys fünf stärkste Talentthemen haben alle etwas mit zwischenmenschlichen Beziehungen zu tun. Nach einer Überprüfung der Zahlen war Garys

Chef einverstanden, dass er weniger Kaltakquise und mehr persönliche Termine machte, weil das zu dem führte, was sie beide wollten: mehr Verkäufe.

Denken Sie daran: All Ihre Talente sind wichtig für Ihren Erfolg, selbst wenn Sie keine direkte Verbindung zwischen Ihren Talenten und Ihren Ergebnissen sehen. Wenn Sie also mit einer Liste Ihrer Talente und einer Liste Ihrer Ergebnisse zu Ihrem Chef gehen, lassen Sie keine Talente aus, die nicht relevant erscheinen mögen. Verkäufer mit ausgeprägter *Disziplin* zum Beispiel werden Ziele wahrscheinlich in kurzfristige Bezugspunkte und Aufgaben herunterbrechen. Eine Verknüpfung dieser Aufgaben mit den Erwartungen des Vorgesetzten hilft, Verwirrung bezüglich der Prioritäten zu vermeiden. Wenn *Wiederherstellung* zu Ihren fünf ausgeprägtesten Talentthemen zählt, fragen Sie Ihren Chef, ob irgendjemand im Team gerade mit einem Problem kämpft und Hilfe benötigt. Bei Diskussionen mit Ihren Vorgesetzten nutzen Sie Ihre Erfolge als unterstützendes Beweismaterial. Was Sie wollen, ist die Gelegenheit, Ihre Stärken einzusetzen, um Ihre Verkaufszahlen und Ihre emotionale Bindung zu steigern. Es ist eine Win-Win-Situation für Sie und Ihre Organisation.

Für die Vorbereitung auf das Gespräch mit Ihrem Vorgesetzten hier einige nützliche Fragen:

➤ Was halten Sie für die wichtigsten Aspekte meines Berufs?

➤ Im Hinblick auf diese entscheidenden Aspekte: Was mache ich Ihrer Ansicht nach richtig gut? Wo halten Sie mich für herausragend?

➤ Welche Stärken wende ich Ihrer Meinung nach in den Bereichen an, in denen ich herausrage?

➤ Wie könnten wir in den Bereichen, in denen ich nicht herausrage, effektiver zusammenarbeiten, um zu gewährleisten, dass ich die Erwartungen erfülle?

➤ Welche weiteren Stärken habe ich, die ich zu meinem Vorteil nutzen kann?

Dies ist ein gutes Beispiel dafür, wie man das machen kann: Paul arbeitet für eine große amerikanische Vertragsgesellschaft in Asien. Zu seinen fünf stärksten Talentthemen zählen *Fokus* und *Verantwortungsgefühl*. Pauls Chef hat sich bezüglich seiner Ziele nicht allzu klar geäußert und diese Uneindeutigkeit wurde zunehmend frustrierender. Deshalb ergriff Paul die Initiative und entschied, dass klare Vorstellungen über seine Arbeit in seiner Verantwortung lagen. Er bat um einen Termin bei seinem Vorgesetzten.

Zunächst besprachen sie seine Verantwortlichkeiten als Verkäufer. Pauls Chef sagte ihm als Erstes, dass er hervorragende Arbeit leiste und dass er sich weiter anstrengen solle. »Machen Sie weiter mit dem, was Sie tun, aber machen Sie mehr davon«, war die typische Richtlinie seines Chefs. Doch diesmal versuchte Paul es mit einem neuen Ansatz, um die notwendige Klarheit zu erhalten. Er brach seine Tätigkeit in spezifische Kategorien herunter und ging sie einzeln mit seinem Vorgesetzten durch.

Um Paul dabei zu helfen, seinen Zeitaufwand zu optimieren, verhandelten die beiden über den Zeitanteil, den er jeweils pro Kategorie aufwenden sollte. Statt also »mehr davon« zu machen – was immer das bedeuten soll –, widmet Paul nun 50 Prozent seiner Zeit den Dienstleistungen und Aufbauterminen mit seinen Kunden, 35 Prozent den Terminen bei neuen Kunden, 10 Prozent der Recherche und 5 Prozent der administrativen Tätigkeit. Ein solcher Grad an Präzision mag manchen irritieren. Aber Paul schätzt diese Klarheit, weil sie ihm zu verstehen hilft, was tagtäglich »von ihm erwartet wird« – das erste, entscheidendste Element der emotionalen Mitarbeiterbindung.

Jeden Tag das tun, was Sie am besten können

Wie Pauls Geschichte zeigt, kann es eine Befreiung sein, wenn Sie sich selbst um Ihre emotionale Bindung kümmern. Gebunden zu sein beginnt damit, dass Sie Ihre Stärken erkennen und dann Ihre emotionale Bindung einschätzen. Berücksichtigen Sie die Elemente der emotionalen Bindung. Zählt Ihre Meinung? Teilen Sie sie mit? Falls ja, tun Sie das auf konstruktive Weise? Haben Sie das Material und die Ausstattung, die Sie brauchen? Haben Sie danach gefragt? Falls Sie gefragt, aber nichts bekommen haben, wissen Sie, warum? Haben Sie die Möglichkeit, zu lernen und zu wachsen? Haben Sie überprüft, welche Fähigkeiten und Kenntnisse Ihnen fehlen, und nach Wegen gesucht, um diese Lücken zu füllen? Und was am wichtigsten ist: Haben Sie mit Ihrem Vorgesetzten gesprochen?

All das liegt in Ihrer Macht, aber selbst der beste Chef der Welt kann es Ihnen nicht ohne Ihre aktive Beteiligung bieten. Den Vorgesetzten ins Boot zu bekommen ist ein guter erster Schritt zur Steigerung Ihrer emotionalen Bindung, aber Sie müssen auch empfänglich dafür sein, was er zu sagen hat. Sie müssen offen sein für das, was Sie brauchen, und Verantwortung für Ihre emotionale Reaktion tragen. Der Vorteil ist eine Steigerung Ihrer emotionalen Bindung – und Ihrer Verkaufszahlen.

Als Ausgangspunkt machen Sie die folgende Übung. Schauen Sie sich noch einmal die 12 Elemente der emotionalen Mitarbeiterbindung an. Stellen Sie sich vor, elf davon würden von der Seite verschwinden. Sie können nur eins retten, nämlich das, welches Ihrer Meinung nach die größten Auswirkungen auf Ihre persönliche emotionalen Bindung hat. Welches würden Sie retten? Warum gerade dieses? Sprechen Sie nun mit Ihrem Vorgesetzten über dieses eine Element. Dann haben Sie einen ersten Schritt zur Förderung Ihrer eigenen emotionalen Bindung unternommen.

Emotionale Bindung ist gut fürs Geschäft

Gallup hat herausgefunden, dass die Entwicklung von Stärken zu einem höheren Grad der emotionalen Mitarbeiterbindung führt, und eine höhere emotionale Mitarbeiterbindung ist gut fürs Geschäft. Verglichen mit Geschäftseinheiten der unteren 25 Prozent hatten die emotional am höchsten gebundenen 25 Prozent aller von Gallup untersuchten Geschäftseinheiten

> 37 Prozent weniger Fehlzeiten,

> 25 Prozent weniger Fluktuation bei Organisationen mit hoher Fluktuationsrate (zum Beispiel Verkauf),

> 49 Prozent weniger Fluktuation bei Organisationen mit geringer Fluktuationsrate,

> 27 Prozent weniger Schwund,

> 49 Prozent weniger Sicherheitsstörfälle,

> 60 Prozent weniger Produktschäden,

> 12 Prozent mehr begeisterte Kunden,

> 18 Prozent mehr Produktivität und

> 16 Prozent mehr Rentabilität.

Und so wirken sich die Zahlen auf das wirkliche Leben aus: Sony Europe nimmt die Stärken seiner Mitarbeiter so ernst, dass »Super Teams« gebildet wurden, Gruppen von Freiwilligen, die ihre Talente auf von der Firma ausgewählte Leistungsthemen konzentrieren. Laut Strategic HR Review führte Sony diesen stärkenbezogenen Ansatz 2004 in der Türkei ein. Bis 2005 war der Verkauf um 41 Prozent gestiegen, das Unternehmen lag 20 Prozent unter der Budgetgrenze, der Gewinn war um 50 Prozent gewachsen und die emotionale Mitarbeiterbindung um 10 Prozent.

Angewandte Stärken: Emotionale Mitarbeiterbindung

Im Folgenden stellen wir Ihnen einige Ideen vor, wie man unter Einsatz bestimmter Talentthemen emotionale Mitarbeiterbindung entwickeln kann. Besinnen Sie sich jetzt auf Ihre Talente und Stärken und lassen Sie sich ein paar Möglichkeiten einfallen, wie Sie anhand Ihrer eigenen fünf stärksten Talentthemen Ihre emotionale Bindung steigern können.

1. Beispiel: *Zukunftsorientierung*
   Was könnte Ihre emotionale Bindung auf dem Weg in die Zukunft verstärken? Informieren Sie sich über langfristige Planungen, die Ihnen Energie verleihen.

2. Beispiel: *Höchstleistung*
   Suchen Sie nach Wegen, Ihre emotionale Bindung zu verstärken, indem Sie diejenigen Dinge herausfinden, die gut laufen, und noch größeren Nutzen daraus ziehen.

3. Beispiel: *Strategie*
   Machen Sie Pläne, um Ihre emotionale Bindung zu erhöhen. Wenn die Dinge nicht so gut laufen, welche Auffangpläne haben Sie, um Ihre emotionale Bindung neu zu befeuern?

4. Beispiel: *Bindungsfähigkeit*
   Wer verleiht Ihnen positive Energie? An wen können Sie sich wenden, wenn Sie Ihre Batterien aufladen müssen? Sorgen Sie dafür, mit diesen wichtigen Personen in ständiger Verbindung zu bleiben.

5. Beispiel: *Leistungsorientierung*
   Achten Sie darauf, wie ein höherer Erfolgsquotient mit Ihrer emotionalen Bindung zusammenspielt. Machen Sie sich klar, wie es sich anfühlt, einen neuen Meilenstein erreicht zu haben oder Ihre vorangegangene Verkaufsleistung zu übertreffen. Werden Sie sich bewusst, wie Errungenschaften Ihre emotionale Bindung nähren.

Der Mythos von der Work-Life-Balance

Die zentralen Punkte dieses Kapitels

➤ Die Work-Life-Balance ist ein Mythos. Die Erkenntnis, dass wir auf ein stärker integriertes statt auf ein ausbalanciertes Leben hinarbeiten können, ist der erste Schritt zum Aufbau eines stärkeren Wohlbefindens.

➤ Es gibt keinen Schlusstermin für die Integration – Sie werden niemals »gewinnen«. Integration hat etwas damit zu tun, wie Sie jeden Tag Ihr Leben gestalten. Und sie wird niemals vollendet sein. Sollte sie allerdings allzu weit von der Vollendung entfernt sein, holen Sie sich Hilfe.

➤ Alleine schaffen Sie es nicht. Sie müssen den wichtigen Menschen in Ihrem Leben sagen, dass Sie auf Integration hinarbeiten, sie um ihre Hilfe bitten, ihnen erklären, welchen Vorteil sie davon haben, und sie mit einbeziehen.

➤ Machen Sie kleine Schritte. Wenn Sie nicht auf »Arbeit versus Familie« hinarbeiten, sondern sich eher leichter verdauliche Häppchen vornehmen, haben Sie mehr Erfolg.

> ➤ Integration erfordert Zeit und Mühe. Wenn Sie begreifen, wie Ihre Talente für und gegen die Integration wirken, können Sie sie in Stärken verwandeln, mit deren Hilfe Sie ein gesamtheitliches Bild Ihrer selbst erlangen können.

Das ist das Problem bei einem Leben als Verkäufer: Der Arbeitstag hört nie auf. Die gute Nachricht lautet: Der Arbeitstag hört nie auf. Menschen mit Verkaufstalent haben oft das Gefühl, ihr Beruf sei allumfassend. Sie denken an ihre Kunden, während sie Zeitung lesen, zu Mittag essen, im Urlaub sind und einzuschlafen versuchen. Kunden, ihre Bedürfnisse und ihr Potenzial sind allgegenwärtig.

Mit diesem Buch haben wir den Einsatz noch erhöht. Während Sie mehr über Ihre Talente erfahren und wie Sie sie einsetzen können, während Ihre Produktivität wächst, während Sie immer engagierter in Ihrem Beruf werden, denken Sie noch mehr an die Arbeit. Sie entdecken neue Wege, um Kunden zu erreichen und zu begeistern, um Fürsprecher zu finden und um dauerhafte Beziehungen zu schaffen und aufrechtzuerhalten. Sie schaffen etwas, das niemals endet – eine Arbeit im Verkauf, einen noch größeren Teil Ihres Lebens.

Allerdings gibt es noch andere Bereiche in Ihrem Leben. Und wenn es Ihnen so geht wie vielen Verkäufern, haben Sie vielleicht das Gefühl, dass Sie jenen nicht so viel Zeit, Aufmerksamkeit und Energie widmen, wie Sie eigentlich möchten. Ihre berufliche Tätigkeit ist wie ein ständiges Summen in Ihrem Kopf. Vielleicht ist sie sogar der befriedigendste Aspekt Ihres Lebens und das ist auch gut so. Aber wenn dieses Summen andere Menschen übertönt und diese sich davon gestört fühlen, ist das nicht in Ordnung. Denken Sie daran: Wenn irgendetwas von dem, das Sie tun, Ihnen oder anderen im Wege steht, dann ist es eine Schwäche. Wir haben oft genug von verärgerten Ehepartnern, enttäuschten Kindern, bereuten Beförderungen (und Herabstufungen) gehört – und immer, immer wieder von Schuldgefühlen. Das alles sind tatsächlich Themen, die nicht auf die leichte Schulter genommen werden sollten. Wonach die meisten Verkäufer letztlich suchen, das ist dieser mythische Zustand, der sich Work-Life-Balance nennt.

Zu Beginn dieses Buches haben wir einige Mythen über das Verkaufen entlarvt. Und nun werden wir einen weiteren allgemein anerkannten Mythos demaskieren – dass man Arbeit und Leben ausbalancieren *kann*. Das Problem bei dieser Vorstellung liegt in dem

Wort *Balance*. Balance impliziert Gleichheit. Der Begriff deutet darauf hin, dass eine Seite der Gleichung dasselbe ergibt wie die andere Seite. In der Mathematik ist das einfach. Im Leben nicht. Es ist ein in sich fehlerhaftes Konzept. Die Suche nach Balance treibt Menschen in einen wahnwitzigen Sprint, bei dem sie vor und zurück hasten, um die Waagschalen auf gleicher Höhe zu halten und jeden glücklich zu machen, und das erfordert unvorstellbar viel Energie.

Sobald wir glauben, wir hätten es geschafft, wirft das Leben etwas in die eine Waagschale und bringt alles durcheinander – ein großes Projekt im Büro mit tollen Aufstiegschancen, einen alten Elternteil, der plötzlich zusätzliche Aufmerksamkeit und Pflege benötigt, oder einen Ehepartner, der einen Schulabschluss nachholen will. So etwas wie Balance gibt es nicht, nicht in einer Welt, die sich so rasch und unerwartet verändert.

Ein neuer Ansatz

Die Suche nach der Balance ist schwer und zwingt Sie zur Aufspaltung – oder dazu, Mauern um Ihr »Arbeits-Ich« und Ihr »Privat-Ich« zu errichten. Das ist weder gut für Sie noch für Ihre Arbeit noch für Ihr Leben. Statt nach kurzfristiger Balance zu streben, denken Sie lieber über langfristige Integration nach. Es könnte Ihnen unmöglich sein, Ihr Privatleben und Ihren Beruf aufzuspalten, weil Ihre Arbeit als Verkäufer ein wesentlicher Teil dessen ist, was Sie nun einmal sind.

Oder nicht? Diese Frage ist ganz ernst gemeint. Es gibt verschiedene Schlüssel zur Integration und einer davon besteht darin, sich ehrlich zu beantworten, wie gut man sich in seine Rolle einfügt. Wenn Sie das Gefühl haben, dass Ihr Leben vollkommen auseinanderfällt, sollten Sie sich wohl die Frage stellen, ob Sie den richtigen Beruf haben. Ein Vertreter erzählte uns, dass er jahrelang um Work-Life-Balance gerungen habe, und er wusste gar nicht, warum. Endlich erkannte er, dass die Loslösung begann, als er zum Sales Manager befördert worden war – und das war die falsche Position für ihn. Also sagte er seinem Chef, dass er das Management verlassen und eine Stelle im Verkauf haben wollte.

Den falschen Job zu haben schafft Chaos. Es zwingt Menschen, hart zu arbeiten, nur um Mittelmaß zu erreichen. Die ganze Zeit versuchen sie, mit anderen mitzuhalten, die für diese Position besser geeignet sind, und schaffen doch nie so viel, wie sie gerne wollen. Das ist demotivierend und dieses schlechte Gefühl begleitet die Menschen nach Hause. Es beeinträchtigt ihren Stolz und die Qualität der Zeit, die sie mit anderen Bereichen ihres Lebens verbringen.

Wenn Sie sich hier wiederfinden, ist Ihre gegenwärtige Position vielleicht nicht die richtige für Sie. Doch wenn nur ein oder zwei Aspekte Ihrer Arbeit Sie stören, denken Sie kreativ darüber nach, wie Sie damit umgehen können. Ein von uns befragter Vertreter hat genau das getan, allerdings zufällig. Schreibarbeit war sein größter Feind. Seine Frau konnte damit umgehen, dass er sehr viel Zeit auf der Arbeit verbrachte, aber sie hasste es, wenn er dann zu Hause auch noch stundenlang Schriftliches erledigte. Und er genauso – er hätte viel lieber Zeit mit seiner Familie verbracht. Sie stritten immer wieder deswegen. Einmal, als alles zu viel wurde, blaffte er seine Frau an: »Na prima. Dann machst du eben den Papierkram!« Das war nicht ernst gemeint, er war bloß schlecht gelaunt. Doch ihre Antwort veränderte alles. Nüchtern sagte sie: »Warum nicht? Ich bin ganz gut in solchen Sachen. Warum bezahlst du mich nicht dafür, dass ich deinen Schriftverkehr übernehme?« Sie starrten einander an, als hätten sie gerade ein Heilmittel gegen den Schnupfen entdeckt, und merkten, dass sie die Lösung gefunden hatten. Durch eine sich ergänzende Partnerschaft hatte dieses Paar eine Möglichkeit gefunden, sein Leben besser aufeinander abzustimmen. (Mehr zum Thema der sich ergänzenden Partnerschaften finden Sie im Anhang.)

Balance bedeutet Gleichheit. Doch auch gleiche Dinge können vollkommen unausgewogen sein. Auf der einen Seite der Waage können Sie ein Schinkensandwich haben und auf der anderen ein paar Murmeln. Es gibt keinen Zusammenhang zwischen diesen Dingen, außer dass sie gleich viel wiegen. Denken Sie einmal an die wichtigsten Dinge, die Sie in dieser Woche tun. Was haben sie gemeinsam? Wenn Sie versuchen, Arbeit und Leben auszubalancieren, vermutlich nicht viel.

Wenn Sie jedoch eher über Integration als über Balance nachdenken, ist die Beziehung eine andere. Sie versuchen nicht, alles anzugleichen; Sie versuchen, verschiedene Elemente aufeinander abzustimmen. Das klingt vielleicht schwierig, aber es ist ein leichteres Leben.

Die vier Regeln

Es gibt vier Regeln der Integration:

1. **Es gibt keinen Abschlusszeitpunkt für Integration.** Integration ist kein Rennen mit einem Start und einem Ziel; für eine Integration Ihres Lebens gibt es keinen Endpunkt. Es hat etwas damit zu tun, wie Sie jeden Tag Ihr Leben führen.

2. **Sie schaffen es nicht alleine.** Sie müssen den Menschen – insbesondere den wichtigsten Menschen in Ihrem Leben – sagen, dass Sie an der Integration arbeiten. Bitten Sie sie um Hilfe, erklären Sie ihnen, wie sie davon profitieren, und sorgen Sie für ihre Beteiligung.

3. **Sie müssen kleine Schritte machen.** Brechen Sie die Elemente in kleine Häppchen herunter, die sinnvoll sind: nicht »Arbeit versus Familie«, sondern »Terminplanung versus Abendessen vor 22 Uhr«.

4. **Integration ist niemals vollendet.** Wenn sie zu wenig vollendet ist, bitten Sie jemanden um Unterstützung.

Martin, einer unserer Interviewpartner, integrierte ein wichtiges Element seines Lebens, indem er die vier Regeln anwendete. Martin hat ein großes Einsatzgebiet und fährt von einem Kunden zum anderen. Als er seinen Wochenplan erstellte, merkte er, dass die vielen Termine bei ihm ein gutes Gefühl verursachten, das Verpassen der Softball-Spiele seiner Tochter jedoch Gewissensbisse. Martins Integrations-Antwort fiel ihm eines Tages einfach ein. Es war das Saisoneröffnungsspiel seiner Tochter und er konnte es nicht ertragen, das zu verpassen. Also rief er einen Kunden an und gestand, dass er einen Besuch verschieben wollte, damit er zu dem Spiel gehen konnte. Der Kunde war sogleich bereit, das Treffen um einen Tag zu verschieben, um Martin einen Gefallen zu tun.

Während er dem Spiel zusah, schmiedete Martin einen Plan. Am nächsten Tag nahm er seine Kundentabelle und zeichnete Sternchen bei den familienorientierten Kunden ein (es waren nur drei). Er machte Kreise bei den flexibelsten Kunden. Und er machte Kreuzchen bei den Kunden, die verärgert wären, wenn er so etwas fragte. Dann rief er die Kunden mit den Sternchen neben ihrem Namen an, sagte ihnen, dass er gerne einige der Softball-Spiele seiner Tochter sehen würde, und fragte sie, ob es ihnen etwas ausmachen würde, die Termine zu verschieben. Er fragte die mit den Kreisen, ob sie etwas gegen Termine an Montagen und an Donnerstagen einzuwenden hätten. Und er akzeptierte, dass die Termine bei den Kunden mit Kreuzchen sich nicht verschieben ließen.

Am Ende lief es darauf hinaus, dass Martin wöchentlich 75 Meilen zusätzlich fahren musste, um den Softball-Spielplan seiner Tochter einhalten zu können, aber er konnte viel mehr Spiele besuchen und seine Tochter war gerührt, dass er sich so bemühte. Die familienorientierten Kunden halten ihn für einen tollen Papa und die anderen haben keine Ahnung von Martins Integrationsinitiative.

Ein tief greifendes Thema

Die meisten Fragestellungen der Work-Life-Integration sind grundlegende Raum-Zeit-Probleme und können relativ einfach gelöst werden, so wie es bei Martin der Fall war. Niemand kann an zwei Orten gleichzeitig sein, also muss man Kompromisse schließen. Aber manchmal geht das Thema der Integration tiefer als Zeit und Raum. Es geht mitten ins Herz dessen, der Sie sind.

Glauben Sie, Martin hätte während der Softball-Spiele nicht übers Handy mit seinen Kunden telefoniert? Natürlich hat er. Glauben Sie, seine Gedanken wären nicht während seiner Kundenpräsentationen zum Spielfeld gewandert? Natürlich sind sie. Er akzeptierte das und betrachtete es als Multitasking. Mit anderen Worten: Martin erlaubte sich selbst, wichtige Elemente seines Lebens zu kombinieren, er hatte nicht länger das Gefühl, dass das Einreißen seiner strikten Grenzen zwischen Arbeit und Privatleben schwach oder unprofessionell wäre.

Schließlich erkannte Martin, dass die Integration ihn geistig fitter machte. Er fing an, sich in alles, was er tat, vollständig einzubringen, und zeigte mehr Präsenz in seinem eigenen Leben. Das ließ ihn überall besser werden, weil er nicht mehr einen Teil von sich selbst für etwas anderes zurückhielt. Am Ende funktionierte es, weil Martin seine Talente zum Einsatz brachte, um die Integration aufrechtzuerhalten.

Martin nutzte sein Talent *Einfühlungsvermögen*, um Kunden anzurufen und um Terminverschiebung zu bitten. Er öffnete sich gegenüber seinen Kunden und legte ihnen damit nahe, ihm freundlich zu begegnen. Er nutzte sein Talent als *Arrangeur*, um die Terminpläne mit seinen Kunden abzustimmen. Nachdem er seine Talente erst einmal am Problem Termine versus Softball zum Einsatz gebracht hatte, nutzte er diesen Ansatz immer geschickter, um auch andere Bereiche seines Lebens zu integrieren. Es wurde zur Gewohnheit. Im Grunde wurde die Integration eher zu einem psychologischen als zu einem zeitlichen Thema. Martin übte ein, sich sein Leben als ein zusammenhängendes Ganzes vorzustellen, in dem es viel zu tun und viel zu genießen gab, statt als eine Reihe von Schachteln, die er vorübergehend bewohnte.

Nein, Martin hat seinem Chef nicht erzählt, dass er das Verkaufsseminar hat ausfallen lassen, weil er eine Angeltour brauchte. Und er war auch klug genug, seinen Kunden nichts von seiner Tochter zu erzählen, was sie ohnehin nicht interessiert hätte. Aber er hörte auf, Barrieren zwischen seiner Arbeit und seinem übrigen Leben zu errichten, und arbeitete gezielt darauf hin, diese Bereiche miteinander in Einklang zu bringen. Es war befreiend für ihn – und setzte bemerkenswert viel Energie frei.

Man muss daran arbeiten

Integration ist nichts, was man sich an einem Wochenende zusammenstoppeln kann. Talente in Stärken umzuwandeln erfordert eine intensive Selbstbetrachtung. Wenn Sie Ihre Talente erst einmal entdeckt haben, müssen Sie sie bewusst weiterentwickeln. Sie müssen Zeit, Energie, gedankliche Arbeit und Kreativität darin investieren. Und durch die bewusste Entwicklung und Anwendung von Talenten gewinnen Sie einen ganzheitlichen Blick auf sich selbst. Hat das wunderbare Auswirkungen auf Ihre Karriere? Ja. Aber diese integrierte Betrachtungsweise beschränkt sich nicht auf die Arbeit. Sie werden merken, dass Sie in allem, was Sie tun, Ihr Bestes geben, auch wenn Sie sich Zeit für Dinge schaffen, die Ihnen und Ihrer Familie wichtig sind.

Sie werden allerdings Ihren Beruf oder Ihr Leben nicht wie durch Zauberhand verbessern, bloß indem Sie dieses Buch lesen – oder sonst irgendein Buch. Ein stärkenorientierter Ansatz erfordert Hingabe und Arbeit. Sie müssen Zeit investieren, um Ihre Stärken auszubilden. Denken Sie nicht nur über eine interessante Möglichkeit nach, Ihre fünf ausgeprägtesten Talentthemen zur Anwendung zu bringen. Lesen Sie, lernen Sie und denken Sie darüber nach – und dann wenden Sie sie an.

Der Aufbau von Stärken ist ein lebenslanger Prozess. Aber genau wie beim Trainieren oder bei der richtigen Ernährung führt der Aufbau von Stärken zu Ergebnissen. Wenn Sie die Ideen aus diesem Buch ins Spiel bringen, werden Sie den Unterschied in Ihren Beziehungen zu Ihrer Familie, Ihren Kollegen, Ihren Kunden und Ihrem Vorgesetzten spüren. Sie werden mehr Engagement für Ihre Arbeit aufbringen. Sie fühlen sich Ihrem Zuhause stärker verbunden. Darüber hinaus werden Sie sich ganz einfach weniger aufgespalten und mehr vollständig fühlen.

Wir hoffen, dieses Kapitel hat Ihnen gezeigt, wie Integration in Ihrem Leben funktionieren kann. Wir hoffen, dieses Buch hat Ihnen Ideen für den langfristigen Verkaufserfolg vermittelt. Und schließlich hoffen wir, dass alle Elemente Ihres Lebens zusammenkommen, um Sie nicht nur als Verkäufer, sondern als Mensch insgesamt erfolgreich zu machen. Denn darum geht es beim stärkenorientierten Ansatz. Es geht darum, die gesamte Persönlichkeit zu verstehen und zu würdigen. Es geht darum, zu erkennen, dass wir nicht perfekt sind und es auch niemals sein werden. Wir können jedoch die bestmögliche Version unser selbst sein, wenn wir unsere Talente und Stärken kennen und nutzen – und die Talente und Stärken anderer.

Angewandte Stärken: Der Mythos der Work-Life-Balance

Im Folgenden stellen wir Ihnen einige Ideen vor, wie man unter Einsatz bestimmter Talentthemen sein Leben integrieren kann. Besinnen Sie sich jetzt auf Ihre Talente und Stärken und lassen Sie sich ein paar Möglichkeiten einfallen, wie Sie anhand Ihrer eigenen fünf stärksten Talentthemen Ihr Leben effektiver integrieren können.

1. Beispiel: *Analytisch*
   Seien Sie sich Ihrer fünf stärksten Talentthemen jederzeit bewusst. Schreiben Sie diese auf ein Blatt Papier, das Sie immer griffbereit haben. Lesen Sie es häufig und analysieren Sie, wie Sie Ihre Talente erfolgreich angewendet haben. Beachten Sie die Dynamik zwischen den Talentthemen. Wie ergänzen sie einander und wie könnten Sie sie noch stärker nutzen?

2. Beispiel: *Integrationsbestreben*

   Suchen Sie nach Möglichkeiten, wie Sie andere zu einem Teil Ihres Stärkenentdeckungsprozesses machen können. Lassen Sie sie den Clifton StrengthsFinder ausfüllen und vergleichen Sie Ihre Talentthemen in Gruppen oder Teams miteinander. Je mehr Menschen Sie in den Prozess miteinbeziehen, desto häufiger haben Sie die Gelegenheit, zu ergründen, wie der Stärkenansatz sich auf Ihr Leben auswirkt.

3. Beispiel: *Gerechtigkeit*

   Wenn Sie Entscheidungen treffen müssen, erstellen Sie eine Liste mit Pro und Kontra, um alle Seiten verstehen zu können. Sie können andere bitten, ihren Standpunkt zu erläutern, besonders wenn ihre Meinung dem zu widersprechen scheint, was Sie als faires Ergebnis betrachten. Helfen Sie anderen, zu erkennen, wie gewährleistet werden kann, dass die getroffenen Entscheidungen unparteiisch und gerecht sind.

4. Beispiel: *Entwicklung*

   Suchen Sie nach Gelegenheiten, anderen zu helfen – Kollegen, Freunden und Familienangehörigen –, an ihren Stärken zu wachsen und erfolgreich zu werden. Indem Sie ihnen dabei helfen, ihre Stärken anzuwenden und ihr Leben zu integrieren, entdecken Sie sich selbst und wachsen ebenfalls. Schließlich wenden Sie bei diesem Prozess Ihre eigenen Stärken an.

5. Beispiel: *Überzeugung*

   Seien Sie sich darüber im Klaren, dass Ihr Handeln unglaublich bedeutsam ist. Sie geben sich selbst die Chance, die bestmögliche Version Ihrer selbst zu werden. Deshalb haben Sie eine positive und produktive Ausstrahlung auf Ihre Umwelt. Sie sind emotional hoch gebunden, das heißt, Sie begeistern andere. Sie sind erfolgreicher und diesen Erfolg können Sie mit anderen teilen. Bleiben Sie mit Ihren Stärken auf Kurs und schaffen Sie eine bessere Welt.

Definition der Talentthemen und Handlungsschwerpunkte

Obwohl sich die Talentthemen bei jedem anders zeigen, leiten sie uns auf recht vorhersehbare Weise. Für jedes der 34 Talentthemen des Clifton StrengthsFinder bieten wir Ihnen im Folgenden eine kurze Definition und einige Handlungsschwerpunkte, die Sie bei Ihrer Verkaufstätigkeit anwenden können. Je besser Sie Ihre Talentthemen verstehen, desto besser können Sie sie nutzen. Und je mehr Sie sie nutzen, desto bessere Verkaufsleistungen erbringen Sie.

Analytisch

Menschen mit besonders ausgeprägtem Talentthema *Analytisch* suchen nach Ursachen und Gründen. Sie haben die Fähigkeit, über alle Faktoren nachzudenken, die sich auf eine Situation auswirken könnten.

Handlung: Konzentrieren Sie sich auf Kunden mit einem realistischen Potenzial sowie auf bestehende Kunden, die wachsen oder mehr investieren können. Ihre Aufmerksamkeit für diese Informationen hilft Ihnen, solide Interessenten zu identifizieren.

Handlung: Teilen Sie Ihr Wissen mit Ihren Partnern, solange es mit dem Verkaufswachstum zusammenhängt. Wenn Sie Ihrem Team verstehen helfen, wo das größte Potenzial liegt, macht das die Kundengewinnung und die Kaltakquise für alle Beteiligten effektiver.

Handlung: Erstellen Sie Berichte, welche die Kaufmuster Ihrer Kunden abbilden. Das wird Ihnen helfen, diese Muster zu verstehen und sie mit der Einhaltung des Geschäfts in Verbindung zu bringen. Sie werden auch Wachstumspotenziale deutlicher erkennen.

Handlung: Untersuchen Sie Verkaufsinformationen, sofern Sie Ihre Kunden betreffen. Die Zahlen helfen Ihnen, kurzfristige und langfristige Chancen einzuschätzen, wenn Sie ihre Kauftendenzen analysieren.

Anpassungsfähigkeit

Menschen mit besonders ausgeprägter *Anpassungsfähigkeit* schwimmen gern mit dem Strom. Sie leben in der Gegenwart, nehmen die Dinge, wie sie kommen, und entdecken die Zukunft Tag für Tag.

Handlung: Nehmen Sie herausfordernde Verkaufssituationen an, die sich in der Entwicklung befinden. Sie können Chancen ausmachen, wo andere vielleicht am Erprobten und Bewährten festhalten.

Handlung: Beruhigen Sie andere, die frustriert sind, weil das Verkaufsumfeld chaotisch erscheint. Wenn sie sehen, dass Sie entspannt und vertrauensvoll an Lösungen arbeiten, werden sie eher geneigt sein, eine friedliche Lösung für ein Problem zu finden.

Handlung: Informieren Sie andere, wenn sich neue Umstände ergeben. Hindernisse sind normal im Verkaufsprozess und Sie scheinen mit solchen neuen Ereignissen entspannt umzugehen. Machen Sie transparent, was geschieht und warum.

Handlung: Passen Sie sich an, wenn Sie können; bleiben Sie standhaft, wenn Sie müssen. Ihre Flexibilität lässt Sie auf eine Weise verhandeln, die in der jeweiligen Situation sinnvoll ist.

Arrangeur

Menschen mit einem besonders ausgeprägten Talent als *Arrangeur* können organisieren, aber sie verfügen auch über Flexibilität, die diese Fähigkeit ergänzt. Sie finden gerne heraus, wie all die Einzelteile und Ressourcen für eine maximale Produktivität zusammengestellt werden können.

Handlung: Stellen Sie alle Bedürfnisse, Wünsche und Planungen der verschiedenen am Verkaufsprozess beteiligten Menschen zusammen. Das sorgt für einen reibungslosen Ablauf von Anfang bis Ende.

Handlung: Machen Sie den Kunden deutlich, dass Ihre Flexibilität es Ihnen erlaubt, ihre Anforderungen zu erfüllen. Sie schaffen sich Fürsprecher, wenn es Ihnen gelingt, ihnen zu helfen und sie zu unterstützen.

Handlung: Es fällt Ihnen leicht, die besten Lösungen zu finden, also positionieren Sie sich als jemand, der komplizierte Verkaufssituationen weniger mühsam machen kann.

Handlung: Weil Sie sich mit Multitasking typischerweise wohlfühlen, ist es für Sie von Vorteil, eine Reihe von Kunden in verschiedenen Stadien des Verkaufsprozesses zu haben. Zeigen Sie Ihrem Vorgesetzten, wie mühelos Sie mit einer gefüllten Pipeline umgehen.

Autorität

Menschen mit besonders ausgeprägtem Talent *Autorität* zeigen Präsenz. Sie können die Kontrolle über eine Situation übernehmen und Entscheidungen treffen.

Handlung: Wahrscheinlich sind Sie offen und direkt. Eine schnelle Hinwendung zum Abschluss mag Ihnen ganz natürlich vorkommen, wenn Sie erst einmal zum Kern der Sache vorgedrungen sind. Bedenken Sie, dass Ihre natürliche Präsenz für den einen oder anderen etwas Einschüchterndes haben kann. Nehmen Sie sich nötigenfalls die Zeit, Ihren Ansatz etwas anzupassen.

Handlung: Nehmen Sie die Dinge in die Hand und entschärfen Sie Engpässe. Sie bringen Ihre Kunden in Bewegung, also nutzen Sie diese bestimmende Kraft, um sie Ja sagen zu lassen.

Handlung: Leiten Sie Diskussionen, sprechen Sie entscheidende Punkte auf der Tagesordnung an und fassen Sie wichtige Ziele zusammen, wobei Sie Chancen einschätzen; verhandeln Sie und veranlassen Sie die anderen zu einer Entscheidung. Interessenten werden Ihre Zielstrebigkeit und Ihre Tatkraft zu schätzen wissen.

Handlung: Sie besitzen eine überzeugende Präsenz. Bitten Sie daher um persönliche Gespräche mit Kunden, besonders bei Ihren ersten Begegnungen. So können Sie die Verkaufschancen im direkten Kontakt erhöhen.

Bedeutsamkeit

Menschen mit einem besonders ausgeprägten Talent *Bedeutsamkeit* möchten in den Augen anderer sehr wichtig sein. Sie sind unabhängig und wollen anerkannt werden.

Handlung: Seien Sie bestrebt, jedem einzelnen Kunden einen Service anzubieten, der über das normale Maß hinausgeht. Sie möchten von anderen als wichtiger Mitwirkender an ihrem Erfolg betrachtet werden.

Handlung: Ergreifen Sie Verkaufschancen, die mit bedeutsamen Aufgaben und Zielen verbunden sind. Es macht Sie zufrieden, wenn Sie Erfolge erzielen können und wenn andere das Ausmaß Ihrer Errungenschaften sehen. Sie schätzen die Bestätigung, die ein gut ausgeführter Auftrag mit sich bringt.

Handlung: Teilen Sie Ihrem Vorgesetzten oder anderen wichtigen Mitgliedern Ihres Teams mit, was Sie vorhaben. Wenn Sie Ihre Ziele erst einmal in Worte gefasst und ausgesprochen haben, wollen Sie sie auch unbedingt erreichen.

Handlung: Machen Sie Ihrem Vorgesetzten deutlich, dass Sie ein Lob zu schätzen wissen und wie Sie gerne anerkannt werden möchten. Externe Wertschätzung verleiht Ihnen Schwung und spornt Sie zu weiteren Leistungen an.

Behutsamkeit

Menschen mit besonders ausgeprägtem Talent *Behutsamkeit* lassen sich am besten charakterisieren durch die Sorgfalt, mit der sie Entscheidungen oder Wahlen treffen. Sie nehmen Hindernisse vorweg.

Handlung: Sie bieten mühelos ein großes Maß an detaillierten Informationen also fragen Sie den Kunden: »Soll ich Ihnen noch mehr erklären oder genügt das für Ihre Bedürfnisse?« Der Verkaufsprozess kann schneller voranschreiten, wenn Sie die Hinweise des Kunden aufnehmen.

Handlung: Ehe Sie vor Ihre Kunden und Interessenten treten, tragen Sie sorgfältig Informationen über sie zusammen. Das hilft Ihnen einzusortieren, welche Interessenten Potenzial haben und welche Kunden noch wachsen können.

Handlung: Verwenden Sie Sorgfalt und Genauigkeit auf die Planung Ihres Verkaufsvorgangs. Wenn Sie Ihre Hausaufgaben machen, können Sie leichter auf Einwände reagieren und voller Zuversicht vorgehen.

Handlung: Nehmen Sie sich die Zeit, individuelle Ausdrucksweisen, Beweggründe und Persönlichkeiten zu begreifen. Diese Unterschiede im Vorfeld zu erkennen lässt den Verkaufsprozess reibungsloser ablaufen.

Bindungsfähigkeit

Menschen mit besonders ausgeprägtem Talent *Bindungsfähigkeit* genießen enge Beziehungen zu anderen. Mit Freunden gemeinsam hart an der Erreichung von Zielen zu arbeiten verschafft ihnen tiefe Befriedigung.

Handlung: Sie pflegen und stärken gerne die Beziehungen zu Kunden über einen langen Zeitraum. Suchen Sie sich Verkaufssituationen, bei denen Sie langfristige Partnerschaften aufrechterhalten können.

Handlung: Lernen Sie Ihre Kunden kennen, verstehen Sie ihre Werte und achten Sie auf ihre Ziele. Sie entwickeln von Natur aus intensive Beziehungen, suchen Sie also nach Möglichkeiten, um diesen Wert in Ihren Verkaufskontakten zu pflegen.

Handlung: Ihre Kunden sind für Sie nicht nur Geschäftsverbindungen, sondern auch Menschen. Achten Sie auf diejenigen, die persönliche Partnerschaften begrüßen, und arbeiten Sie am Aufbau solcher Beziehungen.

Handlung: Setzen Sie Ihr verbindliches Wesen ein, um voranzukommen. Andere erkennen, dass Sie sich wirklich kümmern, und so können Sie lang während Verbindungen entwickeln, die bei den Kundenunternehmen für Erhaltung und Wachstum sorgen.

Disziplin

Menschen mit besonders ausgeprägtem Talent *Disziplin* mögen Routine und Strukturen. Ihre Welt lässt sich am besten durch die Ordnung beschreiben, die sie schaffen.

Handlung: Egal ob Sie sich mit kurzfristigen oder mit langfristigen Verkaufsprozessen beschäftigen, Sie möchten gerne Ziele aufstellen und festlegen. Nutzen Sie Ihren Sinn für Strukturen, um im Verlauf des Verkaufsvorgangs die Kontrolle zu behalten.

Handlung: Richten Sie ein Verwaltungssystem ein, damit Sie auf dem Laufenden darüber bleiben, was bei jedem Kunden und Interessenten passiert. Die Kunden und Interessenten werden erkennen, dass Sie zuverlässig sind, weil Sie Verpflichtungen und Fristsetzungen im Auge behalten.

Handlung: Sagen Sie Ihrem Vorgesetzten und Ihren Partnern, dass Strukturen Ihnen lieber sind als Überraschungen. Das gewährt den reibungslosen Verlauf Ihrer internen Kontakte, während Sie sich Schritt für Schritt durch den Verkaufszyklus bewegen.

Einfühlungsvermögen

Menschen mit besonders ausgeprägtem Talent *Einfühlungsvermögen* können die Emotionen anderer erspüren, indem sie sich in ihr Leben oder ihre Situation hineinversetzen.

Handlung: Positionieren Sie sich als Partner, der die Aufgaben und Angelegenheiten seines Kunden mitträgt. Stellen Sie fest, was für ihn wichtig ist, und verkaufen Sie dann entsprechend seinen Bedürfnissen.

Handlung: Im Laufe des Verkaufsprozesses werden Sie auf Unbehagen, Verwirrung und Frustration Ihrer Kunden stoßen. Passen Sie sich entsprechend an, während Sie den Verkauf fortsetzen.

Handlung: Sie können die Gedanken Ihrer Kunden und Interessenten leicht nachvollziehen. Suchen Sie nach Möglichkeiten, eine gemeinsame Sprache mit ihnen zu sprechen. Sie werden den Eindruck haben, dass Sie außerordentlich viel Verständnis dafür aufbringen, was sie brauchen und wie Sie ihnen helfen können.

Handlung: Es kann vorkommen, dass Sie das Gefühl haben, einige Einwände seien unausgesprochen geblieben. Stellen Sie Fragen, um den anderen zu zeigen, dass Sie ihre Bedenken verstehen und darauf reagieren wollen. Das dient der Aufrichtigkeit, sowohl in der momentanen Situation als auch auf lange Sicht.

Einzelwahrnehmung

Menschen mit besonders ausgeprägtem Talent *Einzelwahrnehmung* begeistern sich für die einzigartigen Qualitäten jeder Person. Sie besitzen die Gabe, herauszufinden, wie Menschen trotz ihrer Unterschiede produktiv zusammenarbeiten können.

Handlung: Weil Sie die besonderen Qualitäten jedes Interessenten und Kunden würdigen, suchen Sie nach Wegen, um Strategien und Lösungen an jede Person und jedes Unternehmen anzupassen.

Handlung: Achten Sie bei der Interaktion mit Kunden und Interessenten auf Ihre Einzelwahrnehmung. Sie erspüren, was andere denken, und fangen Signale auf, die anderen entgehen.

Handlung: Ihre Einsichten lassen Sie unausgesprochene Bedürfnisse und Bedenken erkennen. Lassen Sie diese Kenntnis für sich arbeiten, indem Sie kluge Fragen stellen, Ängste verstehen und vernünftige Lösungen präsentieren.

Handlung: Stimmen Sie Produkte und Lösungen auf die Bedürfnisse Ihres Kunden ab. Er wird spüren, dass Sie ihn verstehen, wenn Sie ihm leicht begreiflich machen können, wie Ihre Produkte und seine Anforderungen miteinander zusammenhängen.

Entwicklung

Menschen mit einem besonders ausgeprägten Talent für die *Entwicklung* erkennen und fördern das Potenzial anderer. Sie nehmen Anzeichen für jeden kleinen Fortschritt wahr und freuen sich an diesen Verbesserungen.

Handlung: Suchen Sie nach Möglichkeiten, Ihre Kunden in den Augen ihrer Teammitglieder gut dastehen zu lassen. Wenn Sie Menschen zum Erfolg verhelfen, schaffen Sie sich Befürworter, die Sie im Ablauf Ihres Verkaufsprozesses unterstützen.

Handlung: Typischerweise entdecken Sie das Beste in Menschen und Situationen, also seien Sie sich dessen bewusst, dass Sie in manche Verkaufsumgebungen zu viel investieren können. Nehmen Sie sich die Zeit, das Pro und Kontra sachlich abzuwägen, wenn Sie gute Verkaufsgelegenheiten suchen.

Handlung: Das interaktive Verkaufen liegt Ihnen mehr als einseitiges Vorgehen. Beziehen Sie Ihre Zielgruppe ein, wo immer es möglich ist. Sie werden feststellen, dass sich rasch ein Kameradschaftsgeist daraus entwickelt.

Handlung: Es macht Ihnen Freude, andere herausragen zu sehen. Nehmen Sie, wann immer möglich, an Schulungen zur Verkaufsnachbereitung teil. Das fördert langfristige Beziehungen zum Kunden.

Fokus

Menschen mit einem besonders ausgeprägten Talent im Bereich *Fokus* können eine Richtung einschlagen, sie verfolgen und die notwendigen Veränderungen vornehmen, um auf dem vorgegebenen Weg zu bleiben. Sie setzen erst Prioritäten und handeln dann.

Handlung: Stellen Sie eine Quartals- oder Jahresplanung auf, in der kurzfristige und langfristige Ziele bestimmt werden. Ergänzen Sie anschließend den Plan durch Benchmarks, die Ihnen dabei helfen, diese Ziele zu verwirklichen.

Handlung: Denken Sie drei bis fünf Jahre voraus und legen Sie messbare Verkaufsziele für die Zukunft fest. Wenn Sie Ihre Definition von Verkaufserfolg klarstellen und wie Sie dort hinkommen wollen, bleiben Sie eher auf Kurs und erreichen Ihr Ziel.

Handlung: Teilen Sie Ihre kurzfristigen und langfristigen Ziele Ihrem Vorgesetzten und anderen Mitarbeitern mit. Mit einem konkreten Plan in der Tasche können Sie Ihren Chef bitten, Sie in Ihrem Erfolgsstreben zu unterstützen.

Handlung: Konzentrieren Sie sich darauf, von den Besten in Ihrem Umfeld zu lernen. Zu wissen, was Sie gut können, und es mit dem Erfolgsmodell anderer Spitzenleute zu verbinden, lässt Sie bei der Einschätzung langfristiger Chancen auf Ihrem Kurs bleiben.

Gerechtigkeit

Menschen mit besonders ausgeprägtem Talent *Gerechtigkeit* sind sich sehr stark der Notwendigkeit bewusst, alle gleich zu behandeln. Sie versuchen, jedermann Gerechtigkeit widerfahren zu lassen, indem sie klare Regeln aufstellen und sich daran halten.

Handlung: Halten Sie, was Sie und Ihre Verkaufsorganisation versprochen haben. Die Kunden wissen es zu schätzen, dass Sie sich selbst in schwierigen Situationen an die Gebote der Fairness halten.

Handlung: Seien Sie derjenige, der den Kunden schlechte Neuigkeiten überbringt. Sie verstehen die Gründe, die zu einer Entscheidung führen, und können anderen deutlich machen, warum diese Entscheidung richtig und vernünftig war.

Handlung: Sie sind sich dessen bewusst, dass stärkere Persönlichkeiten zeitweise mehr Unterstützung und Anerkennung erhalten. Loben Sie denjenigen, der es verdient hat – sowohl im Unternehmen des Kunden als auch in Ihrem eigenen. Andere werden Ihre Unterstützung schätzen und Sie schaffen sich für die Zukunft Fürsprecher.

Handlung: Suchen Sie sich Partner, die Ihnen das Verständnis individueller Unterschiede bei den Kunden erleichtern. Sie können der Objektivität Ausdruck verleihen, während Sie sich dessen bewusst bleiben, dass spezielle Umstände möglicherweise andere Lösungen erfordern.

Harmoniestreben

Menschen mit einem besonders ausgeprägten Talent *Harmoniestreben* suchen stets nach Konsens. Sie mögen keinen Streit, stattdessen suchen sie nach Bereichen der Übereinstimmung.

Handlung: Suchen Sie im Rahmen des Verkaufsprozesses nach Gemeinsamkeiten. Sie haben einen umgänglichen Verkaufsstil, der schon frühzeitig Kameradschaftssinn und Partnerschaft fördert.

Handlung: Zweifellos gibt es Phasen der Besorgnis, wenn Sie Ihren Interessenten in Richtung Abschluss bringen, egal welches Produkt Sie verkaufen. Nutzen Sie Ihre Fähigkeit des Zuhörens, zeigen Sie Verständnis für seine Ängste und vermitteln Sie eine bestärkende Perspektive, um sein Unbehagen zu lindern.

Handlung: Sie werden oft als Problemlöser betrachtet. Weil Sie Einschränkungen verstehen, wenden andere sich an Sie, um einen Verbindungspunkt zu finden. Helfen Sie ihnen, sich der Beseitigung von Hindernissen zu nähern und den Vertrag zum Abschluss zu bringen.

Handlung: Seien Sie der Ansprechpartner, wenn andere überzeugt werden müssen, dass die von ihnen getroffenen Entscheidungen richtig sind. Anhand von Gemeinsamkeiten bauen Sie Vertrauen auf, während Sie zwischen allen Beteiligten für Konsens sorgen.

Höchstleistung

Menschen mit einem besonders ausgeprägten Talent im Bereich *Höchstleistung* konzentrieren sich auf Stärken, um persönliche und Team-Spitzenleistungen zu erzielen. Sie versuchen, etwas Starkes in etwas Hervorragendes zu verwandeln.

Handlung: Am meisten reizt es Sie, potenzielle in langjährige Kunden zu verwandeln. Lenken Sie Ihren Fokus darauf, wo Sie die größten Chancen zur Entwicklung langfristiger Beziehungen haben und die höchsten Erfolge verbuchen können.

Handlung: Bestimmen Sie diejenigen Aspekte Ihres Produkts oder Ihrer Dienstleistung, die Ihren Kunden den größten Nutzen bringen. Sie konzentrieren sich naturgemäß auf das, was für Ihre Kunden relevant ist, also sorgen Sie dafür, dass Ihr Angebot die bestmögliche Lösung darstellt.

Handlung: Beim Einschätzen von Interessenten haben Sie ein gutes Gespür für Potenzial. Finden Sie heraus, wer vermutlich am meisten von Ihren Produkten und Dienstleistungen profitieren wird, und bestimmen Sie, welchen Entscheidungsträgern Sie am meisten Aufmerksamkeit zukommen lassen sollten.

Handlung: Denken Sie immer darüber nach, wie Sie die Dinge noch ein bisschen besser machen oder sie ein wenig beschleunigen können. Sie wollen besser werden und herausragen, also suchen Sie nach Möglichkeiten, Ihre Anstrengungen zu maximieren, damit Sie für Ihre Kunden und Interessenten Wert schöpfen können.

Ideensammler

Menschen mit besonders ausgeprägtem Talent *Ideensammler* haben das Verlangen, mehr zu wissen. Sie sammeln und speichern gerne jede Art von Informationen.

Handlung: Erlernen und sprechen Sie die Sprache Ihrer Kunden. Das zeigt ihnen, dass Sie wissen, wer sie sind und was sie brauchen.

Handlung: Werden Sie zum Experten in Ihrem Unternehmen. Wenn Sie wichtige Informationen zusammentragen und Ihre Kenntnisse über Kunden und Produkte mit anderen teilen, wird man beginnen, Sie als Ratgeber zu betrachten. Das versetzt Sie in die Position, starke interne Partnerschaften aufzubauen.

Handlung: Tragen Sie schon zu einem frühen Zeitpunkt des Verkaufsprozesses umfassende und nützliche Kundeninformationen zusammen. Wenn Sie kenntnisreich über seine Kultur sprechen, vertraut Ihr Interessent darauf, dass Sie sich für ihn einsetzen und wertvolle Erkenntnisse liefern können.

Handlung: Vertiefen Sie sich in die Bedürfnisse Ihres Kunden. Untersuchen, erkennen und verstehen Sie seine kurzfristigen und langfristigen Ziele. Das ist wertvoll, wenn Sie den verschiedensten Verkaufschancen begegnen.

Integrationsbestreben

Menschen mit besonders ausgeprägtem Talent *Integrationsbestreben* nehmen andere an. Sie zeigen sich achtsam gegenüber jenen, die sich übergangen fühlen, und streben danach, sie miteinzubeziehen.

Handlung: Sie haben eine besondere Fähigkeit, jedem Einzelnen – Sekretärinnen, Materialbeschaffern, Einkäufern, Entscheidungsträgern – das Gefühl zu vermitteln, ein wichtiger Teil des Verkaufsprozesses zu sein. Nutzen Sie dieses Talent, um sich rasch Fürsprache zu verschaffen.

Handlung: Verbringen Sie Zeit mit möglichst vielen Ihrer Kontakte im Kundenumfeld. Bei der Suche nach dem Einstieg in Organisationen gilt: je mehr, desto besser.

Handlung: Erkennen Sie an, dass sowohl Interessenten und Kunden als auch Ihr internes Kundensupport-Team davon profitieren können, in den Verkaufsprozess eingebunden zu werden. Machen Sie ihnen deutlich, welche positiven Impulse sie geben.

Handlung: Da Sie von Natur aus andere miteinbeziehen, finden Sie schnell Möglichkeiten, von vielen Menschen Informationen einzuholen, um die Ziele Ihrer Interessenten zu verstehen. Fordern Sie sie während des gesamten Verkaufsprozesses zur Teilnahme auf, stellen Sie Fragen und reagieren Sie auf ihre Bedenken.

Intellekt

Menschen mit besonders ausgeprägtem Talent *Intellekt* zeichnen sich durch ihre geistige Aktivität aus. Sie sind introspektiv und schätzen intellektuelle Diskussionen.

Handlung: Nehmen Sie sich jeden Tag die Zeit, einfach nachzudenken. Es ist wichtig für Sie, Ihre Gedanken zu sammeln und zu sortieren, um Verkaufsstrategien zu erwägen. Sich diese wertvolle Zeit zu nehmen gibt Ihnen mehr Selbstvertrauen beim Voranschreiten des Verkaufsprozesses.

Handlung: Stellen Sie Hypothesen auf, während Sie sich durch die strategische Phase des Verkaufsprozesses bewegen. Sie haben die Fähigkeit, Ihre Interessenten Lösungen und Umsetzungspläne durchdenken zu lassen.

Handlung: Finden Sie gemeinsam mit anderen in Ihrem Verkaufsteam heraus, wie Sie Klippen umschiffen können. Ein Brainstorming kann neue Möglichkeiten eröffnen, weil Sie dabei Gedanken und Strategien sortieren.

Handlung: Arbeiten Sie mit verschiedenen Teams im Unternehmen des Kunden zusammen. Der Denkprozess verleiht Ihnen Energie und die Gruppeninteraktion ist eine vernünftige Weise, um einander Ideen mitzuteilen, Möglichkeiten einzusortieren und neue Gesichtspunkte zu schaffen. Ihr Kundenteam wird es zu schätzen wissen, in diese Brainstorming-Sitzungen miteinbezogen zu werden, bei denen Sie gemeinsam Chancen und Lösungen einschätzen.

Kommunikationsfähigkeit

Menschen mit besonders ausgeprägtem Talent *Kommunikationsfähigkeit* finden es im Allgemeinen leicht, ihre Gedanken in Worte zu kleiden. Sie sind gute Gesprächspartner und Präsentatoren.

Handlung: Entwickeln Sie einen wirkungsvollen Aufhänger, der Ihren Verkaufsansatz auf den Punkt bringt. Die Neukundengewinnung ist produktiver, wenn die Interessenten sich an Ihre Botschaft erinnern.

Handlung: Erzählen Sie Geschichten, die auf Kundenerfahrungen beruhen. Interessenten wie Kunden sind aufmerksamer, wenn Sie Geschichten erzählen, die für ihre Kultur von Belang sind.

Handlung: Achten Sie darauf, welche Kommunikationsform beim jeweiligen Kunden am besten ankommt. Nutzen Sie diese Information, um Ihre Botschaft auf Ihr Zielpublikum zuzuschneiden.

Handlung: Sie reden gerne, also sorgen Sie dafür, dass Ihre Verkaufsbemühungen eher interaktiv als einseitig sind. Beim Einschätzen Ihrer Chancen und bei der Suche nach Lösungen für Kunden stellen Sie Fragen und hören Sie zu.

Kontaktfreudigkeit

Menschen mit besonders ausgeprägtem Talent *Kontaktfreudigkeit* lieben die Herausforderung, neue Leute kennenzulernen und sie für sich einzunehmen. Es macht ihnen Spaß, das Eis zu brechen und den Kontakt zu anderen herzustellen.

Handlung: Suchen Sie nach den richtigen Worten, um zu erklären, dass Netzwerken zu Ihrem persönlichen Stil gehört und dass es Ihnen ein Bedürfnis ist, andere von Ihrer Denkweise zu überzeugen. Wenn andere merken, dass Sie es ehrlich meinen, wird es für Sie leichter, sie in ein Gespräch zu verwickeln.

Handlung: Nutzen Sie Ihre Kontaktfreudigkeit, indem Sie so viele Kontakte wie möglich herstellen. Bringen Sie die Details, wen Sie kennen und was Sie über ihn wissen, in ein brauchbares Format. Wenn Sie sich archivierte Informationen ins Gedächtnis rufen können, können Sie wertvolle Verbindungen leicht auffrischen. Lassen Sie mindestens einmal im Monat von sich hören, um diese Beziehungen lebendig zu erhalten und Ihr Netzwerk weiter wachsen zu lassen.

Handlung: Gehen Sie bei Ihren Verkaufskontakten bewusst über das gewöhnliche Maß hinaus, indem Sie die Menschen dazu bringen, Sie zu mögen. Nutzen Sie Ihre Fähigkeit, Menschen für sich zu gewinnen, wenn Sie nach Signalen der Kaufbereitschaft Ausschau halten.

Handlung: Ihr freundliches Auftreten nimmt Menschen für Sie ein. Nutzen Sie Ihr aufgeschlossenes Wesen, um besser zu verhandeln. Es sorgt dafür, dass jeder mit einem Win-Win-Gefühl vom Tisch aufsteht.

Kontext

Menschen mit einem ausgeprägten Talent für *Kontext* denken gerne über die Vergangenheit nach. Sie begreifen die Gegenwart, indem sie die Geschichte erforschen.

Handlung: Denken Sie darüber nach, was im Hinblick auf Ihre Verkaufserfolge in der Vergangenheit gut funktioniert hat. Vor dem Hintergrund dieses Wissens suchen Sie nach Möglichkeiten, anhand dieser Best Practices voranzukommen.

Handlung: Nehmen Sie Kontakt zu Menschen mit unterschiedlichen Verkaufserfahrungen auf. Fragen Sie sie, was bei ihnen gut geklappt hat, damit Sie das Rad nicht immer wieder neu erfinden müssen.

Handlung: Erkunden Sie die Geschichte Ihrer Interessenten und Kunden. Wenn Sie als Teil Ihres Verkaufsvorgangs eine historische Perspektive anbieten, werden die Interessenten sicherlich Ihre Bemühungen schätzen, ein wertvoller Partner zu sein, und gewinnen ein besseres Verständnis für die von Ihnen entworfene Zukunft.

Leistungsorientierung

Menschen mit besonders ausgeprägtem Talent *Leistungsorientierung* haben viel Ausdauer und arbeiten hart. Es verschafft ihnen große Befriedigung, beschäftigt und produktiv zu sein.

Handlung: Setzen Sie sich Ihre eigenen Ziele und Fristen. Sie sind häufig umfangreicher und aggressiver als die vereinbarten. Das hilft Ihnen, mehr Verantwortung für Verkaufschancen zu empfinden.

Handlung: Nehmen Sie sich Zeit, Ihre Erfolge zu feiern, selbst spontan, ehe Sie zur nächsten Aufgabe übergehen. Besonders bei langfristigen Verkaufszyklen achten Sie auf kleine Erfolge.

Handlung: Sie können von Natur aus härter und länger arbeiten als andere. Sorgen Sie dafür, regelmäßige Pausen einzuplanen, damit Ihre Batterien immer aufgeladen sind und Sie täglich genügend Energie besitzen.

Handlung: Es fällt Ihnen womöglich schwer, bei Meetings still zu sitzen. Planen Sie voraus, erkennen Sie die Ziele des Meetings und helfen Sie anderen, die Informationen stetig durchzugehen. Sie werden sehen, dass Ihre Zeit effizienter genutzt wird, wenn Sie die Geschwindigkeit bestimmen können.

Positive Einstellung

Menschen mit einem besonders ausgeprägtem Talent *Positive Einstellung* verfügen über eine ansteckende Schaffensfreude. Sie sind voller Optimismus und können andere für ihre Tätigkeiten begeistern.

Handlung: Sie vermitteln einfach Zuversicht, also stellen Sie zu Beginn des Verkaufsvorgangs Fragen über die positiven Ereignisse im Unternehmen des Interessenten. Wenn es passt, zögern Sie nicht, die Atmosphäre durch Scherze aufzulockern. Humor im Verkaufsprozess kann ein guter Eisbrecher sein und fördert starke Partnerschaften.

Handlung: Ihre Fähigkeit, ein gutes Gefühl zu vermitteln, öffnet Ihnen viele Türen. Zollen Sie Ihren Kunden wie Ihren internen Partnern Anerkennung, indem Sie hervorheben, was sie gut machen. Sie werden dadurch ein wertvolles Netzwerk von Fürsprechern schaffen, denn andere schätzen Ihre optimistische Einstellung.

Handlung: Verankern Sie Ihren starken Sinn für das Positive in der Realität. Nehmen Sie Herausforderungen ernst, aber vermitteln Sie die Gründe für Ihren Optimismus. Lassen Sie andere erkennen, dass Schwierigkeiten Sie durchaus beschäftigen, dass es aber gute Gründe gibt, die Zuversicht zu bewahren.

Handlung: Bringen Sie Schwung in die verschiedenen Stadien des Verkaufszyklus, indem Sie Ihren Enthusiasmus mit anderen teilen. Manchmal sind Kunden genervt und die Fähigkeit, einen positiven Aspekt ins Gespräch einzubringen, kann im entscheidenden Moment die Spannung lindern.

Selbstbewusstsein

Menschen mit besonders ausgeprägtem Talent *Selbstbewusstsein* vertrauen auf ihre Fähigkeit, ihr Leben selbst in die Hand zu nehmen. Sie besitzen einen inneren Kompass, der ihnen die Zuversicht gibt, dass sie die richtigen Entscheidungen treffen.

Handlung: Da Sie selten zweifeln, ist es für Sie von Vorteil, sicherzustellen, dass Ihre Verkaufsmethoden die produktivsten und erfolgreichsten sind. Stellen Sie Ihre Ideen und Strategien daher Ihrem Vorgesetzten oder anderen Menschen vor, denen Sie vertrauen. Machen Sie diese Vertrauenspersonen zu Ihrem Barometer, während Sie den Verkaufsprozess durchlaufen.

Handlung: Sie strahlen Sicherheit aus, also übernehmen Sie die Führung, wenn es um die Einführung eines neuen Produkts, um das Erproben eines neuen Verkaufsansatzes oder das Erschließen eines neuen Marktes geht.

Handlung: Sie wirken vertrauenerweckend. Vertreten Sie daher Ihre Standpunkte mit Autorität und Überzeugung. Achten Sie darauf, dass Ihre Gewissheit durch Fakten gedeckt ist. Faktenorientierte Informationen holen die Leute schnell ins Boot.

Handlung: Überprüfen Sie Ihre kundenspezifische Vorgehensweise und Ihre Entscheidungen spontan während des Verkaufsprozesses. Diese informelle Untersuchung stellt sicher, dass Ihr Selbstvertrauen und Ihre Kompetenz miteinander in Einklang stehen.

Strategie

Menschen mit einem besonders ausgeprägten Talent im Bereich *Strategie* schaffen alternative Vorgehensweisen. Egal mit welchem Szenario sie konfrontiert werden, sie erkennen immer schnell die entscheidenden Muster und Fragestellungen.

Handlung: Denken Sie über Alternativen nach, wenn Sie das Potenzial Ihrer Verkaufspartnerschaften und die größten Wachstumschancen erforschen. Dadurch erkennen Sie, wie sich die Zeit bezahlt macht, die Sie in Kaltakquise und Neukundengewinnung investieren.

Handlung: Wenden Sie Ihr »Was wäre, wenn«-Denken an, um eine erweiterte Liste potenzieller Kunden zu erstellen. Dadurch haben Sie immer neue Interessenten in der Pipeline.

Handlung: Kommen Sie rasch und logisch zum Kern der Sache. Ihre Präsentationen sollten gründlich, aber pointiert sein, denn das gibt Ihnen mehr Zeit, um sinnvolle Lösungen zu besprechen.

Handlung: Planen Sie Hindernisse und Schwierigkeiten voraus, die im Verlauf des Verkaufsprozesses auftauchen könnten. Beurteilen Sie die Geschäfte, an denen Sie gerade arbeiten, nach möglichen Verzögerungen oder Pannen. Weil Sie Probleme vorhersehen können, ehe sie auftauchen, halten Sie den Prozess in Gang und steuern ihn auf einen erfolgreichen Abschluss zu.

Tatkraft

Menschen mit besonders ausgeprägtem Talent *Tatkraft* können Dinge bewegen, indem sie Gedanken in Handlungen umsetzen. Sie sind oft ungeduldig.

Handlung: Suchen Sie nach Möglichkeiten, sich unabhängig zu machen. Freiheit und Selbstbestimmtheit ermöglichen es Ihnen, Verkaufschancen ungestört zu erwägen und zu ergreifen.

Handlung: Suchen Sie sich Nebenbeschäftigungen, um Ihr Interesse wachzuhalten, wenn Sie bei einem langfristigen Verkaufszyklus in der Warteschleife hängen. Zeiten, in denen Sie nichts zu tun haben, tun Ihnen nicht gut.

Handlung: Suchen Sie kreative Wege, um Ihre Verkaufspipeline gefüllt zu halten. Gehen Sie proaktiv auf Interessenten zu und machen Sie Kaltakquise, um die Nase vorn zu haben.

Handlung: Finden Sie rasch eine Lösung, wenn Ihr Interessent oder Kunde unentschlossen wirkt. Das wird Ihnen Fürsprache sichern, denn die Menschen suchen bei Ihnen nach Antworten.

Überzeugung

Menschen mit einem besonders ausgeprägten Talent *Überzeugung* besitzen bestimmte unwandelbare Kernwerte. Aus diesen Werten ergibt sich für sie ein vorgegebener Lebenszweck.

Handlung: Sie sind authentisch und werden nicht nur vom Geld motiviert. Lassen Sie Ihre Kunden erkennen, dass Sie nach Prinzipien handeln, die bestimmen, wer Sie sind, warum Sie verkaufen und welchen Wert Sie ihnen bieten können.

Handlung: Pflegen Sie wertorientierte Beziehungen zu Ihren Kunden. Das ist die Basis für lang dauernde Partnerschaften; es legt den Grundstein für zukünftiges Erhalten und Wachsen.

Handlung: Machen Sie den Teammitgliedern und den Kunden verständlich, welche Überzeugungen Sie im Hinblick auf die von Ihnen verkauften Produkte oder Prozesse vertreten. Wenn Sie ihre Herzen ansprechen, kann das bei einigen von ihnen ein Gefühl der Partnerschaft fördern, das zu lang währendem Engagement führt.

Handlung: Begreifen Sie die Perspektive Ihrer Kunden. Sie werden feststellen, dass es die Verhandlungen erleichtert, wenn Sie verstehen, was ihnen wichtig ist, und herausfinden, wie Sie ihre Überzeugungen für den Verkauf nutzen können.

Verantwortungsgefühl

Menschen mit besonders ausgeprägtem Talent *Verantwortungsgefühl* übernehmen die psychologische Verpflichtung dafür, dass sie ihre Worte in Taten umsetzen. Sie fühlen sich an feste Werte wie Ehrlichkeit und Loyalität gebunden.

Handlung: Sie möchten für alles verantwortlich sein, was mit Ihren Kunden und Interessenten geschieht. Streben Sie nach beratenden Verkaufssituationen, bei denen Sie an allen Aspekten des Verkaufszyklus eng beteiligt sind.

Handlung: Sie müssen tun, wozu Sie sich verpflichtet haben. Achten Sie auf die Belastung Ihres Kunden und konzentrieren Sie sich auf die Bereiche, in denen Sie Ihre Zeit am effektivsten und am effizientesten einsetzen können.

Handlung: Weil Sie für Qualität und Dienstleistung einstehen, halten Sie sich an Kunden und Produktlinien, die eine Nachverkaufsbetreuung erfordern. Das Nachfassen und Weiterführen macht Ihnen Freude.

Handlung: Die Menschen erkennen und schätzen Ihre Verlässlichkeit. Knüpfen Sie an das Vertrauen an, das Sie bei zufriedenen Kunden aufgebaut haben, und bitten Sie um Weiterempfehlung.

Verbundenheit

Menschen mit besonders ausgeprägtem Talent *Verbundenheit* haben Vertrauen in die Verknüpfungen zwischen allem. Sie glauben, dass es nur wenige Zufälle gibt und dass praktisch jedes Ereignis seinen Grund hat.

Handlung: Sie streben nach Verbindung, also werden Sie zum Bindeglied zwischen Ihrer Firma und Ihrem Kunden. Den Austausch zwischen unterschiedlichen Gruppen mit verschiedenen Standpunkten handhaben Sie ganz mühelos.

Handlung: Sie können potenzielle Vorteile für Ihre Kunden erkennen. Erklären Sie ihnen diese Vorteile und verbinden Sie ein Problem mit seiner Lösung. Das lässt die Interessenten Ihre Handlungsabläufe und die beabsichtigten Ergebnisse erkennen.

Handlung: Schaffen Sie sich ein Bild, warum Ihre Partnerschaft mit dem Kunden so sinnvoll ist. Bringen Sie all die einzelnen Teile und Stücke zusammen, um Brücken zu bauen, die ein stützendes System Ihrer Kundengruppe werden.

Handlung: Aufgrund der Querverbindungen, die Sie zwischen Menschen und Prozessen mühelos erkennen, entdecken Sie vielleicht auch Verkaufsförderungschancen, die anderen entgehen. Verbinden Sie Ihre Produkte mit den Menschen oder Unternehmen, denen Sie näherkommen wollen, um ihnen zu zeigen, wie Ihre Lösungen in das größere Bild ihres Unternehmens hineinpassen.

Vorstellungskraft

Menschen mit besonders ausgeprägtem Talent *Vorstellungskraft* sind fasziniert von Ideen. Sie können Verbindungen zwischen Phänomenen herstellen, die scheinbar nichts miteinander zu tun haben.

Handlung: Suchen Sie neue und andere Möglichkeiten, um mit Interessenten und Kunden Ergebnisse zu erzielen. Sie werden schnell erkennen, wie kreativ und einfallsreich Ihre Vorstellungen sind.

Handlung: Seien Sie Ihren Verkäuferkollegen ein Brainstorming-Partner. Sie bauen sich innerhalb Ihres Unternehmens eine solide Anhängerschaft auf, wenn andere von Ihren Ideen zur Neukundengewinnung und zum Vertragsabschluss erfahren. Diese Interaktionen regen auch Ihre eigenen Gedanken zu Marktdurchdringung und Wachstum an.

Handlung: Stellen Sie Ihren Kunden und Interessenten zum Nachdenken anregende Fragen. Damit spornen Sie bei Ihrem Kundenstamm das Machbarkeitsdenken an. Das gibt Ihnen sowohl Zeit vor anderen als auch die Möglichkeit zukünftiger Geschäfte.

Handlung: Finden Sie heraus, was bei Ihnen gute Ideen stimuliert. Wenn Sie sich dessen bewusst sind, was kreative Gedanken und sinnvolle Lösungen anregt, können Sie diesen Auslösemechanismus nutzen, um Verkaufsstrategien für neue und für treue Kunden zu entwickeln.

Wettbewerbsorientierung

Menschen mit besonders ausgeprägtem Talent *Wettbewerbsorientierung* messen ihre Fortschritte an der Leistung anderer. Sie streben nach der Bestplatzierung und lieben Wettkämpfe.

Handlung: Sie wollen wissen, wie Sie gegenüber anderen abschneiden, also sehen Sie sich regelmäßig die Zahlen an, die in Ihrer Verkaufsumgebung am meisten aussagen. Suchen Sie nach Möglichkeiten, sich mit etwas oder jemandem zu vergleichen. Ob Sie gegen Ihre eigenen Leistungen oder die eines Kollegen wetteifern – es verleiht Ihnen jedenfalls Energie, wenn Sie wissen, wo Sie stehen.

Handlung: Wenn möglich, liefern Sie anderen ein Kopf-an-Kopf-Rennen. Falls der direkte Wettstreit nicht durchführbar ist, identifizieren Sie die Ziele, die Sie übertreffen möchten. So denken Sie immer daran, wie nahe Sie dem Sieg sind.

Handlung: Finden Sie heraus, welche Formen der Anerkennung Sie anspornen. Sagen Sie Ihrem Vorgesetzten, was Sie von ihm brauchen, um sich weiterhin an Ihren Errungenschaften freuen zu können.

Handlung: Beobachten Sie Ihre Verkaufsleistung. Falls Ihr Vorgesetzter nicht routinemäßig die Zahlen im Auge behält, teilen Sie ihm Ihre Erfolge mit, um ihn auf dem Laufenden zu halten und sich immer auf den Sieg zu freuen.

Wiederherstellung

Menschen mit einem besonders ausgeprägten Talent für *Wiederherstellung* sind versiert im Umgang mit Problemen. Sie können gut Fehlerquellen ausfindig machen und beheben.

Handlung: Am meisten Energie verleiht es Ihnen, wenn Sie Hindernisse finden und überwinden können. Stellen Sie sich großen Herausforderungen, die Ihnen die Möglichkeit und den Lohn der Veränderung bieten.

Handlung: Sie haben ein natürliches Vorgefühl für potenziellen Ärger. Gehen Sie also nicht nur bestehende Probleme an, sondern erkennen und verhüten Sie auch Schwierigkeiten, noch ehe sie entstehen.

Handlung: Es liegt in Ihrer Natur, dass Sie erfahren wollen, warum etwas nicht geklappt hat. Überprüfen Sie routinemäßig noch einmal Ihre Verkaufsprozesse. Stellen Sie fest, warum Sie einen bestimmten Abschluss nicht bekommen oder eine Chance auf einen Kunden nicht genutzt haben. Die Frage nach dem »Warum nicht« vermittelt Ihnen wertvolle Erkenntnisse.

Handlung: Sie haben ein natürliches Gespür für Aufgaben und Lösungen. Wenden Sie deshalb Ihr Wiederherstellungstalent bewusst in der Kaltakquise an. Wenn Sie vor allen anderen Chancen finden und Lösungen erkennen, verschafft Ihnen dies einen Vorsprung.

Wissbegier

Menschen mit besonders ausgeprägtem Talent *Wissbegier* haben ein großes Verlangen, zu lernen, und wollen sich kontinuierlich verbessern. Insbesondere reizt sie der Vorgang des Lernens – mehr noch als die Ergebnisse.

Handlung: Finden Sie heraus, wie Sie am besten lernen können. Wenn Sie Ihr Lernsystem begreifen und es effizient einsetzen können, erhalten Sie Wissen über Kunden und Interessenten und werden rasch produktiv. Untersuchen Sie, was Ihnen in der Vergangenheit zum Erfolg verholfen hat. Wenn Sie sich darauf konzentrieren, wie Sie einen früheren Interessenten zu einem erfolgreichen Abschluss geführt haben, können Sie diese Strategie auch in Zukunft wieder einsetzen.

Handlung: Erforschen Sie Ihre Interessenten gründlich, ehe Sie einen Kaltakquise-Anruf vornehmen. Am meisten können Sie leisten, wenn Sie wissen, womit Sie es zu tun haben, und dieses Wissen beeindruckt Entscheidungsträger und bereitet den Boden für eine effiziente Verhandlungsphase.

Handlung: Erfahren Sie mehr über Ihre Interessenten und Kunden. Stellen Sie kluge Fragen. Wenn sie sehen, dass Sie bereitwillig Zeit investieren, um zu erfahren, wer sie sind und was sie brauchen, verschafft Ihnen das einen Vorteil gegenüber anderen Verkäufern.

Handlung: Suchen Sie nach komplizierten Verkaufsprojekten, die Sie zwingen, mehr zu wissen. Das Wissen ist die Herausforderung und typischerweise fühlen Sie sich von komplexen Verkaufssituationen angeregt.

Zukunftsorientierung

Menschen mit einem besonders ausgeprägten Talent *Zukunftsorientierung* lassen sich von der Zukunft inspirieren und von dem, was sein könnte. Sie begeistern andere mit ihren Zukunftsvisionen.

Handlung: Stellen Sie Ihren Kunden intelligente Fragen über ihre Zukunft. Ob sie über Aktienkurse, Verkaufszuwachs oder Kundenwachstum nachdenken, sie werden Ihre Verknüpfung mit ihrem zukünftigen Status zu schätzen wissen.

Handlung: Helfen Sie Interessenten und Kunden, zu visualisieren, wo Ihre Produkte und Dienstleistungen ihnen von Nutzen sein können. Erklären Sie die Möglichkeiten und verbinden Sie diese Informationen mit Beständigkeit, Wachstum, Marktdurchdringung oder anderen Zukunftsplänen. Wenn Sie Zukunftsoptionen besprechen, sorgen Sie dafür, in der Gegenwart verwurzelt zu bleiben. Die Kaufbereitschaft der Kunden kann steigen, wenn sie sehen, wie Ihre weitreichenden Ideen mit ihrer heutigen Welt verknüpft sind.

Handlung: Bringen Sie sich möglichst oft in die Entwicklung des Produkts oder der Problemlösung für Ihre Kunden ein. Sie können sie über das Hier und Jetzt hinaus zum Erforschen neuer Chancen und langfristiger Lösungen bringen.

Handlung: Verstehen Sie Ihren Markt. Wenn Sie in Ihrem Verkaufsgebiet Geschick und Kenntnisse an den Tag legen, können Sie Ihren Kunden helfen, beim Blick in die Zukunft zu erkennen, was alles machbar ist.

Anhang: Sieben Methoden, um Stärken zu festigen und mit Schwächen umzugehen

Wenn Sie lernen wollen, Ihre Stärken zu maximieren und die Zeit für den Umgang mit Ihren Schwächen zu minimieren, braucht das Übung, Mühe und Kreativität. Wir haben für Sie sieben Strategien zusammengestellt, mit denen Sie Ihre Bemühungen effektiver ausrichten und einige mögliche Schwierigkeiten überwinden können.

1. Sorgen Sie für offene Kommunikation und Transparenz

In den meisten Organisationen verbergen die Menschen ihre Schwächen. Wir finden jedoch, es ist besser, sie zuzugeben und zu erkennen, inwiefern sie Sie hemmen oder andere stören. Sprechen Sie mit Ihrem Vorgesetzten darüber, wo Sie Probleme haben und warum. Und was noch wichtiger ist: Empfinden Sie niemals als peinlich, was Sie gut macht.

»Ich gewinne gerne«, sagte Kelly Matthews, Account Manager für eine wichtige Abteilung bei Mars Snackfood. Eines ihrer fünf stärksten Talentthemen ist *Wettbewerbsorientierung*. »Ich nehme mir Zeit, im Kopf die einzelnen Schritte durchzugehen, oder ich erkenne, welche Art von Herausforderungen es gibt, und gehe sie an. Ich glaube, das macht meine Arbeit so angenehm. Ich glaube, das ist es, was das Leben angenehm macht. Das *Gewinnen*, verstehen Sie?« Kellys *Wettbewerbsorientierung* spielt eine führende Rolle in ihrer Verkaufsstrategie, aber es sind zwei andere ihrer stärksten Talentthemen, nämlich *Fokus* und *Leistungsorientierung*, die sie anhaltend produktiv und zielstrebig sein lassen. Außerdem konzentriert sie sich eindeutig auf ihre Stärken und macht sich nicht mit ihren Schwächen verrückt.

2. Nutzen Sie Ihre Stärken bewusst

Bei einem großen Finanzdienstleister hatten wir ein Meeting mit einem der Verkaufsteams, um ein bevorstehendes Stärken-Coaching zu besprechen. Die Gruppe war gut gelaunt und unglaublich begeistert. Das Meeting war eher eine Party als eine geschäftliche Besprechung. Dann sagte der Sales Vice President, dessen besondere Stärke *Autorität* ist: »Wir haben jetzt alle über unsere Stärken diskutiert. Was ist mit den Schwächen? Welches ist meine größte Schwäche?«

Es wurde still im Raum. Alle starrten vor sich auf die Tischplatte. Schließlich hob ein Kundenberater schüchtern den Blick und sagte: »Na ja, wenn wir Verkaufsmeetings haben, dann neigen Sie irgendwie dazu, also, das Gespräch allein zu führen.«

Ein anderer knüpfte an diese Bemerkung an und murmelte: »Deshalb haben wir manchmal gar keine Chance, Ihnen etwas zu sagen.«

Ein Dritter fügte hinzu: »Was bedeutet, dass Sie nicht immer alle Infos kriegen, die Sie brauchen.«

Dann flüsterte jemand aus dem Hintergrund: »Und wir trauen uns alle nicht, Sie zu unterbrechen.«

Das machte den Vice President recht betroffen, aber er erkannte seine Chance. Nach dem Meeting ließ er seine Assistentin seine fünf stärksten Talentthemen abtippen. Er schickte jedem im Team eine Kopie davon und berief ein weiteres Meeting für die folgende Woche ein. Er sagte: »Das sind meine Stärken. Sagt mir, wie sie eingesetzt werden können, damit wir besser werden.«

Also zeigte ihm sein Team, wie seine stärksten Talentthemen – eins nach dem anderen – besser zum Einsatz kämen, wenn er aufhörte, die Leitung der Meetings an sich zu reißen. Eines seiner fünf stärksten Talentthemen ist *Wettbewerbsorientierung*. Sie sagten ihm, wenn er die Debatten nicht mehr dominierte, würden sie mehr verkaufen – und damit gewinnen. Ein weiteres seiner Talentthemen ist *Ideensammler*. Sie erklärten ihm, wenn er sich bei Meetings ein bisschen zurückhielte, würden sie mehr lernen. Auch *Zukunftsorientierung* gehört zu seinen Talentthemen und sie machten ihm klar, dass er ein deutlicheres Bild des Bevorstehenden erhielte, wenn er besser zuhörte.

Er schrieb all diese Vorschläge auf eine Liste mit seinen fünf stärksten Talentthemen. Diese Liste liegt neben seinem Telefon und er geht zu keinem Meeting mehr, ohne sich ein paar Fragen zu überlegen, ehe er zu seiner Tagesordnung übergeht. Jedes Mal, wenn er seine Mitarbeiter nun zu einem Verkaufsmeeting zusammenruft, wird er daran erinnert, was geschieht, wenn er seine Stärken bewusst einsetzt – und die Meetings nicht länger alleine beherrscht.

3. Finden Sie Unterstützungssysteme

Ein Unterstützungssystem hilft Ihnen bei dem, was Sie nicht gut können, oder gibt Ihnen Bestärkung, wenn Sie sie brauchen. Unterstützungssysteme können Technologien sein, beispielsweise das Programmieren einer Tabelle mit Makros, die den Verkaufsbericht selbstständig berechnen, oder Erinnerungs-E-Mails, die Sie sich selbst schicken. Sie können ein Unterstützungssystem auch einrichten, indem Sie neue Gewohnheiten entwickeln. Wer beispielsweise nicht *Kontaktfreudigkeit* zu seinen Stärken zählt, empfindet es vielleicht als schwierig, Erstkontakte herzustellen oder mit Fremden Smalltalk zu halten. Sollte *Kontaktfreudigkeit* nicht zu Ihren stärksten Talenten gehören, erstellen Sie eine Liste mit fünf Smalltalk-Themen und lesen Sie sie durch, ehe Sie zu einem Fremden ins Büro gehen.

Auch andere Menschen können Unterstützungssysteme darstellen. Viele von uns würden an keinen einzigen Geburtstag denken, wenn unsere Ehepartner uns nicht daran erinnerten. »In den fünfzehn Jahren meiner Laufbahn habe ich etwas geschaffen, was ich mein Unterstützungsnetzwerk nenne: meine Kollegen, Mentoren, Vorgesetzten, Leute in der Firma, die ich ab und zu anrufen kann, damit sie mich wieder geerdet kriegen«, sagte Ron Barczak von Stryker. »Ich kann sie anrufen und sagen: Okay, ich muss jetzt einmal zehn Minuten Dampf ablassen. Kann ich das bei dir machen? Bei meinen Kunden geht das nämlich nicht.«

4. Schließen Sie ergänzende Partnerschaften

Eine ergänzende Partnerschaft schließen Sie, indem Sie sich mit jemandem zusammentun, der stark ist in einem Bereich, in dem Sie schwach sind. Eine der besten Methoden, eine solche Partnerschaft zu begründen, ist das Anbieten Ihrer Talente im Austausch gegen die eines anderen. Das funktioniert wie ein Unterstützungssystem, aber der Unterschied ist, dass Sie im Gegenzug auch etwas zu bieten haben.

Kommunikationsfähigkeit gehört beispielsweise nicht zu Carters größten Talenten und er neigt dazu, seine Verkaufstermine so schnell zu absolvieren, dass er die Gelegenheit verpasst, Details zu erläutern oder um Feedback zu bitten. Dafür gehört *Vorstellungskraft* zu seinen fünf stärksten Talentthemen. Carter sollte nach jemandem mit einer ausgeprägten *Kommunikationsfähigkeit* Ausschau halten, um ihm als Übungspublikum zu dienen. Diese Person könnte ihm dabei helfen, zu überlegen, was er sagen muss, welche Fragen er stellen muss und wann er innehalten und zuhören muss. Im Gegenzug kann Carter Lösungsideen für die Kunden seines Partners anbieten.

Ergänzende Partnerschaften können auch eine Schwäche ausgleichen, die in vielen Verkaufsteams überaus verbreitet ist: den Umgang mit allem Schriftlichen. Weil nur so wenige Vertreter wirklich gerne Schreibarbeit erledigen, könnte es ihnen schwerfallen, hierfür einen Partner im eigenen Team zu finden. Viele Kundenberater beschäftigen Schreibkräfte auf eigene Kosten. Das ist eine gute Taktik, um sich mehr Zeit und Energie für Aktivitäten freizuhalten, die den Verkauf ankurbeln, statt ungeheuer viel Zeit damit zu verbringen, etwas nur mangelhaft zu erledigen.

Wenn Sie keinen Partner finden können, bitten Sie Ihren Chef um Hilfe. »Ich hatte einen Vorgesetzten, der immer dann, wenn mir alles über den Kopf wuchs, zu mir sagte: ›Ich mache den Papierkram. Ich kümmere mich um das Organisatorische. Gehen Sie raus zum Kunden.‹ Er wusste, dass ich dadurch am meisten neue Energie tanken konnte«, sagte John Wells von Interface, zu dessen stärksten Talentthemen *Kontaktfreudigkeit* gehört. »Wir alle müssen Dinge erledigen, die uns nicht liegen, aber das sind die Dinge, die einen schlauchen. Ein richtig guter Vorgesetzter findet heraus, wie er so etwas, sogar unter Umgehung einiger scheinbar fester Regeln, für denjenigen übernehmen kann. Und der würde dann für seinen Chef durchs Feuer gehen.« Lassen Sie also nicht die Möglichkeit außer Acht, dass auch Ihr Vorgesetzter ein ergänzender Partner sein könnte.

5. Sorgen Sie für die richtigen Schulungen

Wie wir schon weiter oben bemerkt haben, brauchen Vertreter Training – die richtige Art von Training. Und ein solches Training basiert nicht auf einer starren Formel, einem Programm oder einem Plan. Das richtige Training oder Entwicklungsprogramm ist themenorientiert und spezifisch. Wenn Sie mehr Produktkenntnisse brauchen, ist das ein Schulungsthema. Eine gute Idee ist es auch, zu erwägen, warum das ursprüngliche Schulungsprogramm dies nicht geleistet haben könnte. Das richtige Training berücksichtigt individuelle Stärken und Lerntechniken. Als *Ideensammler* macht es einem vielleicht nichts aus, ein 400-seitiges Bedienungshandbuch zu lesen, wohingegen jemand mit ausgeprägter *Tatkraft* es kaum erwarten kann, das Produkt im Einsatz zu erleben.

Jenny Craig bietet ein Schulungsprogramm, das auf die Bedürfnisse von Menschen zugeschnitten ist, die auf verschiedene Arten lernen. »Unser Trainingsprogramm ist alles Mögliche«, sagte TC Crafts von Jenny Craig. »Es ist Information und Dialog und verschiedene Szenarios, die man einüben und an die man glauben kann.«

Wichtig ist auch, dass Training und Weiterentwicklung keine Synonyme sind. Training ist die Gelegenheit, Ihre Fähigkeiten oder Ihr Wissen zu erweitern. Marcy, die Verkaufsleiterin eines Unternehmens, das Fenster direkt an Endverbraucher verkauft, absolvierte ein Schulungsprogramm, das sich auf technische Daten konzentrierte. Dieses Programm ließ Marcy mehr über die Produkte ihres Unternehmens erfahren, aber es half ihr nicht, ihr Verkaufstalent effektiver einzusetzen. An dieser Stelle kommt die Weiterentwicklung ins Spiel. Nachdem sie erst einmal gelernt hatte, ihre Talente in ihrer Rolle anzuwenden, machte sie rasch Fortschritte. Wenn Sie den Unterschied zwischen Schulungsdefiziten und Entwicklungsdefiziten erkennen, sind Sie eher in der Lage, für Ihr Problem die richtige Lösung zu finden.

6. Gehen Sie unangenehme Aufgaben ergebnisorientiert an

Beim Verkaufen gibt es ein paar Dinge, die Sie einfach erledigen müssen: Verkaufsberichte, Kostentabellen, Konferenzprotokolle. Und wenn Sie so sind wie die meisten Vertreter, dann hassen Sie diese Aufgaben. Verständigen Sie sich daher mit Ihrem Vorgesetzten über die Tätigkeiten, die nicht verhandelbar sind – also alles, was Sie machen müssen, um Ihren Job zu behalten. Vereinbaren Sie einen Standard, ein absolutes Minimum, und halten Sie sich daran. Was jedoch noch wichtiger ist: Konzentrieren Sie sich auf die Ergebnisse dieser Tätigkeiten, nicht auf die einzelnen Schritte.

Beispielsweise ist uns eine Anzeigenvertreterin bekannt, die es hasste, allmonatlich ihre Provision berechnen zu müssen. Dazu musste sie nämlich die Zeitungen wälzen, sämtliche von ihr verkauften Anzeigen ausschneiden, sie nachmessen, den Preis berechnen, dann nachschauen, ob sie dem Kunden einen Rabatt eingeräumt hatte, und diesen schließlich abziehen, um den richtigen Betrag zu erhalten. Wenn das erledigt war, musste sie noch ein paar komplizierte Rechenoperationen durchführen, um ihre monatlichen Verkaufszahlen zu ermitteln, und dann noch weitere, um ihren Durchschnitt zu bestimmen. Sie konnte einfach keinen ergänzenden Partner finden – alle Anzeigenverkäufer hassten das Ausrechnen ihrer Provision genauso sehr.

Dann hatte sie eine Idee. Statt die Berechnungen jeden Monat in eine große Tabelle einzubauen, fragte sie ihren Chef, ob sie ihre Provision nicht im Laufe des Monats für jede einzelne Anzeige ermitteln und die Ergebnisse dann in eine kleine Tabelle eintragen könnte. Ihr Vorgesetzter war einverstanden, aber unter einer Bedingung: Wenn sie sich verrechnete, musste sie wieder zu der alten Methode zurückkehren. »Ich fing an, mir noch während des Verkaufs den jeweiligen Preis direkt in mein Blackberry einzutragen«, sagte sie. »Es war schwer, sich daran zu gewöhnen, weil ich nicht gerne dokumentiere. Ich würde lieber verkaufen und zum nächsten Kunden weiterfahren.«

Obwohl es ihr keinen Spaß machte, auf diese Weise den Überblick zu behalten, war es doch weitaus besser, als sich am Ende jedes Monats mit dem Ausrechnen ihrer Provision herumzuärgern. Ihr Chef prüfte die Zahlen gegen und stellte fest, dass sie genauer waren als die schludrigen Berechnungen, die sie sich die ganzen Jahre hindurch mühsam abgerungen hatte. »Statt meine Provision bis zur letzten Minute vor mir herzuschieben und an dem Tag, an dem mein Provisionsbericht fällig war, bis Mitternacht im Büro zu sitzen, fing ich an, die Anzeigen im Hinblick auf Dinge zu betrachten, die ich kaufen wollte. Eine 2x2-Anzeige ist eine Tankfüllung«, sagte sie. »2x5 ist ein Paar Schuhe. Eine ganze Seite vierfarbig ist eine Rate fürs Haus. Ich ging die Zeitung durch und suchte nach meinen potenziellen Anschaffungen, Anzeige für Anzeige berechnet. Ich machte ein Spiel daraus und dadurch wurde es greifbarer und bedeutsamer.«

Denken Sie daran, all die Dinge, die Sie nicht gerne machen, sind nur ein kleiner Teil der Arbeit. Die Anzeigenvertreterin verbrachte nur 5 von 200 Stunden im Monat damit, ihre Provision auf die alte Weise zu berechnen. Einer unserer Kunden sagte: »Ich hasse es, Berichte zu schreiben, aber es macht nur 5 Prozent meines Tages aus. Wenn es 30 Prozent sind, kündige ich.« Das gilt auch für Sie. Versuchen Sie zuerst, die ungeliebten Tätigkeiten durch Verhandeln auf ein erträgliches Maß zu senken. Wenn das nicht geht, haben Sie die perfekte Chance, nach Unterstützungssystemen und ergänzenden Partnerschaften Ausschau zu halten, auch wenn das bedeuten kann, dass Sie Ihre Ressourcen zusammenfassen und anderen zur Verfügung stellen müssen.

7. Korrigieren oder tauschen Sie die Rollen

Als erfolgreicher Verkaufsveteran erkannte Geoff Nyheim von Microsoft Online Services – dessen fünf stärkste Talentthemen *Höchstleistung, Bindungsfähigkeit, Strategie, Leistungsorientierung* und *Ideensammler* sind – im Laufe der Zeit, dass er vermutlich eher ein Landwirt als ein Jäger ist. »Ich habe genügend Felle von erfolgreichen Jagden an der Wand hängen, um glaubwürdig zu sein. In 22 von 24 Jahren habe ich meine Umsatzvorgaben erreicht, und das nicht einfach nur, weil ich nett zu den Leuten war. Aber im Großen und Ganzen bin ich eher ein Landbesteller.« Also ist er dazu übergegangen, mehr von dem zu tun, worin er gut ist: langfristige Beziehungen herstellen und aufrechterhalten. Im Verkaufen um jeden Preis wäre er viel weniger erfolgreich. Und das ist ihm bewusst.

Einige Situationen verlangen allerdings drastischere Veränderungen. Wenn Sie beispielsweise nur zwei ihrer fünf stärksten Talentthemen für Ihren Beruf nutzen, wären Sie in einer anderen Position vielleicht besser aufgehoben. Bis dahin nutzen Sie Ihre übrigen Stärken auf jede nur vorstellbare Weise. Bringen Sie Ihr Softball-Team nach oben. Verbessern Sie Ihr Klavierspiel. Lösen Sie das Budgetproblem Ihrer Bibliothek. Die Arbeit ist sehr viel mitreißender, aufregender und befriedigender, wenn Sie all Ihre Talente einsetzen, aber wenn Sie diese Möglichkeit im Moment nicht haben, sorgen Sie dafür, dass Sie sie woanders zum Einsatz bringen können. Sie werden staunen, wie erfüllend das sein kann – und ein bisschen dieser Erfülltheit wird sich auf Ihre berufliche Tätigkeit auswirken.

Danksagung

Als Erstes danken wir den Kunden von Gallup. Tag für Tag bieten sie uns wunderbare, authentische Umfelder, in denen wir Talente zum Leben erwachen sehen.

Unsere klugen und begabten Gallup-Kollegen, die alles haben, was wir uns von besten Freunden am Arbeitsplatz wünschen, stellen sicher, dass wir uns das Recht verdienen, Partnerschaften mit unseren Kunden zu knüpfen. Rachel Penrod und Shawna Hubbard-Thomas haben uns jeden Tag auf dem Laufenden gehalten. Tom Rath, Jan Miller, Joe Streur, Emily Meyer, Nikki Blacksmith, Jessica Tyler, Jim Asplund, Jim Harter, John Fleming, Bill Diggins, Diane Obrist-Lynam, Therese Nisbet, Jeannie Ruhlman, Cheryl Siegman, Anne Harbison, Jacque Merritt, Barry Conchie, Dana Baugh, Vandana Allman, Dan Kingkade und Heather Wright haben ihre beruflichen Laufbahnen dem Erforschen von herausragenden Leistungen gewidmet und verhelfen anderen zum Erfolg. Wir danken euch für die Erkenntnisse, die Klugheit und die Geschichten.

Wir danken auch den internen Partnern, die uns von ihren besten Kunden haben lernen lassen – Kelly Aylward, Leslie Rowlands, John Wood, Steve Dosier, Jane Hart, Kevin Christoffersen, Ken Shearer, Randy Beck, Keith Roberts, Daniel Porcelli, Bill Reid und Rolly Keenan –, sowie allen, die im Verkaufsbereich an Weiterentwicklungsprogrammen arbeiten: Steven Beck, Dean Jones, Jamie Librot, Matt Mosser, Shari Theer, Joy Plemmons, Tonya Fredstrom und Scot Caldwell.

Ein besonderes Dankeschön geht an Jim Clifton, Jane Miller, Jim Krieger, Connie Rath und andere Gallup-Führungskräfte, die uns die wunderbare Möglichkeit geben, mit Kunden zu arbeiten. Wir möchten nicht versäumen, unseren Weltklasse-Lektor Geoff Brewer und die Businessliteratur-Gurus Larry Edmond und Piotrek Juszkiewicz zu erwähnen. Kelly Henry wandte ihre gewohnte Perfektion sowohl auf die inhaltliche Überarbeitung als auch auf das Lektorat dieses Buches an. Und Kompliment an die sehr talentierte Samantha Allemang für die elegante Gestaltung.

Besondere Anerkennung und ein großes Lob an Barb Sanford für ihre außergewöhnliche Aufmerksamkeit in Sachen Genauigkeit und

Qualität. Sie lektorierte Auszüge dieses Buches und nahm gleichzeitig eine gründliche Überarbeitung unserer Konzepte vor. Therese Nisbet, Jeannie Ruhlman und Jan Miller verbrachten viele Stunden damit, unsere Stärkenkonzepte so präzise und aktuell wie möglich zu gestalten. Randy Beck hatte hervorragende Ideen, wie das Buch am besten strukturiert werden könnte, und Kevin McConville und Ed O'Boyle gaben ebenfalls außerordentlich hilfreiches Feedback.

Zu guter Letzt hätte dieses Buch niemals ohne Jennifer Robson Gestalt angenommen. Sie half uns auf überaus kreative Weise, einen schlüssigen und überzeugenden Text zu schreiben. Auch während ihrer Schwangerschaft und nach der Geburt ihres dritten Kindes blieb Jennifer eifrig den launenhaften und oft abwesenden Autoren auf den Fersen. Und wie schon so oft bei unserem *Gallup Management Journal* erwies sie sich als außerordentlich gut darin, unsere Forschungen mit Leben zu erfüllen.

Jede der unten aufgeführten Personen wurde im Rahmen der Recherchen für dieses Buch ausführlich befragt. Sie alle hatten im Laufe ihres Berufslebens großen Erfolg im Verkauf und wurden von ihren Unternehmen als überzeugende Repräsentanten des Verkäuferberufs empfohlen. Wir möchten ihnen persönlich dafür danken, dass sie uns ihre Zeit, ihre Begabung und ihre Erkenntnisse zur Verfügung gestellt haben und zu einem wichtigen Bestandteil von *Stärke im Verkauf* geworden sind. Obwohl nicht jeder von ihnen in jedem Fall direkt zitiert wird, haben ihre Standpunkte Einfluss auf dieses Buch genommen. Wir hoffen, dass Sie, genau wie wir das getan haben, eine Menge aus ihren Berichten und aus ihrer Erfahrung lernen können.

➤ Mike Astrauskas, Außendienstmitarbeiter, Cargill

➤ Ron Barczak, Außendienstmitarbeiter des Bereichs Knoxville, Stryker Surgical

➤ TC Crafts, Assistant Centre Director/Program Director, Jenny Craig

➤ Dana Fiser, Vice President Corporate Operations, Jenny Craig

➤ Kelly Matthews, Kundenbetreuerin, Mars Snackfood

➤ Geoff Nyheim, Vice President, Microsoft Online Services

➤ Laura Richardson, Beraterin, Jenny Craig

➤ Rita Robison, Senior Vice President, Jones Lang LaSalle

➤ Steve Sieck, Verkaufsleiter Onkologie Nord, Pfizer

➤ Dirk Tinley, Kreditberater, U. S. Bank Home Mortgage

➤ Alain Tremblay, Senior Manager Geschäftsentwicklung, Standard Life

➤ John Wells, Senior Vice President Americas Floorcoverings, Interface

➤ Pfizer Schwerpunktgruppe Onkologie zum Thema Teamarbeit im Vertrieb. Ein besonderer Dank geht an District Business Manager Mike Scouvart dafür, dass er uns den Kontakt zu seinem Team ermöglicht hat: Kelly Beeman, Gary Dille, Jim Dymski, Ben Holtvogt, Robert Louwers, Rose Peluso-Mroz, Andrea Ochall, Bradley Salmon, Peter Steffan, Mel Walker-Poultan und Brian Wright

Über die Autoren

Tony Rutigliano ist Senior Practice Expert bei Gallup, wo er seit 16 Jahren arbeitet. Zuvor war er Vice President/Chief Learning Officer bei ADP und gründete dort Initiativen und Programme zu Verbesserung der Unternehmensausbildung, Entwicklung von Führungsstärke, Nachfolgeplanung, Leistungsmanagement sowie Talentbeurteilungsmaßnahmen. Darüber hinaus leitete Rutigliano viele der Verkaufsschulungen und Weiterbildungsmaßnahmen für Verkaufsleiter in der ADP-Verkaufsabteilung mit über 5.000 Mitarbeitern. Rutigliano ist Co-Autor von *Discover Your Sales Strengths* (2003), einem Buch, das auf der Arbeit von Gallup mit über 170 Verkaufsorganisationen beruht. Ehe er zu Gallup kam, war Rutigliano Verleger und Herausgeber der Zeitschrift *Sales & Marketing Management*. Er lebt mit seiner Frau Karen Burns in Randolph, New Jersey.

Brian J. Brim, Ed. D., ist Senior Practice Expert bei Gallup. Seit über 21 Jahren arbeitet er als Berater, Sprecher und Referent für weltweit führende Unternehmen. Brim ist Führungskräfte-Coach für Top-Manager und spielt eine bedeutende Rolle bei der Schaffung und Einführung von Beratungsangeboten, die mit Mitarbeiterauswahl, Leistungsmanagement, Personalentwicklung, Teamdynamik, Mitarbeiterengagement, Kundenversprechen und Nachfolgeplanung zu tun haben. Brim schreibt regelmäßig für das *Gallup Management Journal* und zwei seiner Artikel erschienen in *The Best of the Gallup Management Journal 2001–2007.* Mit seiner Frau Kimberley und den beiden Töchtern Chloe und Jerri lebt er in Omaha, Nebraska.